U0315908

本研究成果由四川省国际科技合作（澳新）研究院课题"四川省建筑废弃物跨区域流动策略研究——来自于澳大利亚的经验"（项目编号：AXYJ-YB09）资助

建筑废弃物管理的
行为与认知

王莉 著

北 京

冶金工业出版社

2024

内 容 提 要

面对建筑废弃物对环境、社会和健康等各方面日益严峻的影响态势，本书以"行为与认知"为核心，深入探讨了建筑废弃物产生的原因、危害以及管理策略。全书主要内容包括建筑废弃物管理理论、我国建筑废弃物的量化及减量化、建筑废弃物资源化、建筑废弃物对人体健康的危害等方面的关于行为和认知的探讨，以及国内外建筑废弃物管理的优秀案例。

本书可供建筑、资源回收等领域的科研人员、工程技术人员、管理人员和各级政府的决策人员阅读，也可供高等院校环境工程、建筑工程及相关专业的师生参考。

图书在版编目（CIP）数据

建筑废弃物管理的行为与认知／王莉著. -- 北京：冶金工业出版社，2024. 10. -- ISBN 978-7-5240-0022-8

Ⅰ. X799. 1

中国国家版本馆 CIP 数据核字第 2024JT7786 号

建筑废弃物管理的行为与认知

出版发行	冶金工业出版社	电　　话	(010)64027926
地　　址	北京市东城区嵩祝院北巷 39 号	邮　　编	100009
网　　址	www.mip1953.com	电子信箱	service@ mip1953.com

责任编辑　杜婷婷　美术编辑　吕欣童　版式设计　郑小利
责任校对　葛新霞　责任印制　禹　蕊
北京建宏印刷有限公司印刷
2024 年 10 月第 1 版，2024 年 10 月第 1 次印刷
710mm×1000mm　1/16；8.5 印张；163 千字；127 页
定价 68.00 元

投稿电话　(010)64027932　投稿信箱　tougao@cnmip.com.cn
营销中心电话　(010)64044283
冶金工业出版社天猫旗舰店　yjgycbs.tmall.com
(本书如有印装质量问题，本社营销中心负责退换)

前　言

　　近年来，随着我国经济的快速发展和城市化进程的加速，建筑行业蓬勃发展，但也带来了巨大的环境压力。建筑废弃物作为城市垃圾的重要组成部分，其数量庞大，种类繁杂，处理不当会造成严重的资源浪费和环境污染，对生态环境和人体健康构成严重威胁。因此，为了解决不断增长的建筑废弃物与环境保护之间的严重冲突，我国政府及相关企业应寻求一种可持续的建筑废弃物管理方案。

　　面对日益严峻的建筑废弃物管理形势，国家和社会各界都高度重视建筑废弃物管理工作，并出台了一系列政策法规，鼓励和引导建筑行业从源头减量、资源化利用，实现建筑废弃物的循环经济发展模式。然而，尽管在现有政策的推动下，我国建筑废弃物管理取得了积极进展，但仍面临一些问题和挑战，比如，公众对建筑废弃物的危害性和资源化利用的重要性认识不足，缺乏参与和支持的主动性和积极性；同时，部分城市和地区缺乏完善的分类收集和处理体系，导致建筑废弃物在收集、运输和处理过程中存在行为和认知混杂现象，降低了资源化利用的效率。此外，建筑废弃物资源化利用技术的创新能力不足也在一定程度上制约了建筑废弃物资源化利用产业的发展。

　　基于此，本书旨在为建筑行业从业者、政府管理部门、科研人员提供建筑废弃物管理方面的理论知识和一些实践指导，帮助大家深入了解建筑废弃物管理的现状、问题、趋势及解决方案。

　　本书立足行为和认知的视角，内容主要涵盖建筑废弃物管理的各个方面，从定义、产生原因、危害、管理理论、量化技术、减量化策略、资源化利用技术、健康影响评价等方面进行了深入探讨。在绪论中，明确了建筑废弃物的概念、来源、种类，并对国内外建筑废弃物管理的现状及治理趋势进行了分析。第2章介绍了3R理论、计划行为理论、生命周期评价理论，并探讨了其在建筑废弃物管理中的应用。第3章对建筑废弃物量化及预测方法进行了详细的描述。第4章分别对设计阶段、施工阶段、运输阶段、处置阶段的建筑废弃物减量化行为管理进行了研究，确定影响建筑废弃物减量化行为的关键因素。第5章介绍了建筑废弃物常见再生产品的分类及应用范围。第6章利用生命周期评估方法建立了建筑废弃物对人体健康影响的评价模型，以量化其对人体健康的危害。第7章则结合国内外典型案例，对国内外建筑废弃物管理进行了详细的介绍。

希望通过本书的出版，能够提高社会各界对建筑废弃物管理的认识，并在提升认知和传播知识的基础上，进一步激发社会各界积极行动，鼓励政府、企业、科研机构及公众共同参与建筑废弃物管理的各项工作，从而促进建筑行业绿色发展，为建设美丽中国贡献力量。

最后，感谢所有参与本书编写和出版工作的专家学者、编辑人员和工作人员，感谢他们的辛勤付出和无私奉献。

由于作者水平所限，书中不足之处，敬请广大读者批评指正。

作　者

2024 年 7 月

目　　录

1 绪　论

1.1　建筑废弃物的含义及危害

建筑废弃物是城市垃圾中的重要组成部分，我国建筑废弃物的数量已占到城市垃圾总量的 1/3 以上，具有总量大、污染大、可利用程度高等特点，这包括在各种建筑物、构筑物、管网等的建设、扩建、翻新和拆除，以及居民对房屋的装修翻新和拆除过程中产生的废土、材料和其他废物，不包括经检查确定为危险废弃物的建筑垃圾。随着各行各业的快速发展，建筑业也突飞猛进，导致建筑废弃物数量不断增加。关于建筑废弃物这一范畴，我国缺乏统一、清楚的定义。随着人们对建筑废弃物处理认识的加深，对建筑废弃物处理的概念也在不断加以提高与完善。

2021 年 11 月，住房和城乡建设部办公厅关于国家标准《施工现场建筑垃圾减量化技术标准（征求意见稿）》中，专门对建设项目的工地建筑废弃物进行了解释：建筑施工或现场建筑施工垃圾，是指在工地形成的建筑工程渣土、施工废水、建设垃圾等的统称，建筑施工垃圾则是指在新增、扩大和改造的各种建筑工程、结构、管线施工等活动中形成的建筑垃圾，不包含已经检测、确认为危险性垃圾的建筑废弃物。根据《建筑垃圾处理技术标准》（CJJ/T 134—2019）的定义：建筑垃圾（建筑废弃物）是对工程垃圾、工程泥浆、工程废弃物、拆迁垃圾和装修垃圾的统称。

2020 年 5 月，住房和城乡建设部出台了《住房和城乡建设部关于推进建筑垃圾减量化的指导意见》，强调推进建筑废弃物减量化，要统筹规划、源头减量，因地制宜、系统推进、创新驱动、精细管理。规定了工作目标：2020 年底，各地区建筑垃圾减量化工作机制初步建立；到 2025 年底，要实现建筑废弃物减量化工作机制进一步完善的目标，实现新建建筑施工现场建筑垃圾（不包括工程渣土、工程泥浆）排放量每万平方米不高于 300 t，装配式建筑施工现场建筑垃圾（不包括工程渣土、工程泥浆）排放量每万平方米不高于 200 t。2020 年 9 月，工业和信息化部发布了《建筑垃圾资源化利用行业规范条件》和《建筑垃圾资源化利用行业规范公告管理办法》。其中，《建筑垃圾资源化利用行业规范条件》对建筑废弃物资源化企业布局和选址做了相关规定，如对于建筑垃圾的处理，应根据各地区建筑垃圾的特点、分布及生产条件等情况，采用固定式或移动式的处理方式，结合建筑垃圾再生材料（原料）情况和资源化利用产品类型，对资源化利用企业配备必要的质量检测设备，配备相应的环境监测、工艺运行监控系统、运输车辆载重计量等设施，进一步提高建筑废弃物资源循环利用的质量。

从住房和城乡建设部提供的数据可知，2021 年和 2022 年我国的建筑废弃物年产出量已超过 30 亿吨，是居民生活垃圾产生量的 8 倍，占据城市固体废弃物总量的 40%，已成为第一大城市垃圾源。自《中国建筑垃圾处理行业市场调研与投资预测分析报告》中的数据可知，至 2026 年，建筑废弃物产生量预测可达40.07 亿吨，见表 1-1。面对建筑废弃物产出量迅速增长的问题，若没有切实可行的措施对建筑废弃物进行有效处理，建筑废弃物将会对生态环境造成极大的压力。因此，对建筑废弃物有效处理的研究已成为现阶段各级政府部门与参建单位面临的重要问题。

表 1-1　2021—2026 年中国建筑废弃物产生量

年　份	建筑废弃物产生量/亿吨
2021	32.09
2022	33.46
2023	34.84
2024	36.24
2025	37.64
2026	40.07

建筑废弃物来自建筑的策划设计阶段、施工阶段及拆除阶段。在当前的处置体系中，针对建筑废弃物所采取的处置措施，人们多数采用直接填埋的处置措施，这给生态环境的保护和资源的可持续利用带来了巨大的压力。深入分析废弃物管理领域的基本状况，可发现当前该领域的管理措施欠缺全过程管理的指导思维，仍然以人为的方式将建设全过程划分为若干孤岛阶段，各个时期的相关利益主体都只重点考虑自身利益，未能关注建筑废弃物全过程管理的社会、环境与经济效益多方面的相互影响。建筑废弃物产生阶段如图 1-1 所示。

建筑废弃物最早被称为"建筑垃圾"，2005 年《城市建筑垃圾管理规定》中"第二条"，"建筑垃圾"被定义为"在新、改、扩等建设以及拆除的过程中产生的废土、废料及其他废弃物"，此时尚未对建筑垃圾进行明确的分类。尽管不同类型的建筑材料所产生的废弃物组成和比例存在差异，但其基本构成是相同的。原建设部在《城市建筑垃圾和工程渣土管理规定》中根据产生的来源，把城市建筑废弃物分成了五种：道路开挖垃圾、建筑施工垃圾、旧建筑物拆除垃圾、土地开挖垃圾和建材生产垃圾，见表 1-2。

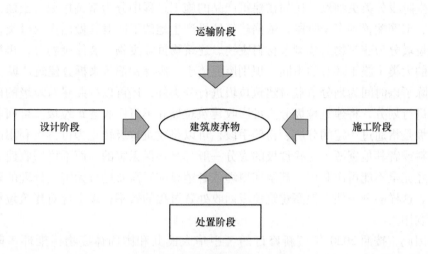

图 1-1 建筑废弃物主要产生阶段

表 1-2 建筑垃圾的分类

分 类	成 分
道路开挖垃圾	砂石、水泥、金属、混凝土碎块、沥青等
建筑施工垃圾	碎砖、混凝土、砂浆、桩头、包装材料、屋面材料等
旧建筑物拆除垃圾	废砖瓦、混凝土碎块、金属、玻璃、陶瓷、木块等
土地开挖垃圾	表层土、深层土等
建材生产垃圾	废料、废渣、碎块、碎片、废弃混凝土、多余混凝土等

注：根据原建设部《城市建筑垃圾和工程渣土管理规定》（2003）整理而得。

当时社会科学技术和施工工艺的不成熟及建筑废弃物管理体系的不完善，导致新型建筑材料种类不多且应用不广泛，"建筑垃圾"的相关政策管理相对落后，以至于对拆除建筑垃圾的分类较为粗略。而后，随着社会经济的高速发展，使得建筑业得到极大的发展，施工工艺也有长足的改进；材料科学的创新，促使越来越多的新材料被运用到建筑材料中；管理科学在建筑业中的广泛应用，进一步提升建筑废弃物的管理方式。这迫切需要对建筑垃圾进行深入的研究，首先应对其界定范围和分类。

按照建筑垃圾产生阶段的不同，可以分为在建造阶段产生的、拆除过程中产生的以及在装修和改造过程中产生的建筑垃圾。这些垃圾因其产生的阶段不同，其内部材料不同，通过各种材料的可回收率将建筑垃圾分离，使不同阶段的建筑垃圾在回收之后产生不同的经济价值和环保价值，提高建筑垃圾的循环利用率。

按照建筑垃圾的来源不同，也可以对其做出不一样的分类。这种分类方式比按产生阶段分类更细致。比如在建筑产品的施工过程中分为基坑挖掘、土建主体建造、钢筋配置等多个阶段，依据建筑垃圾产生地的不同对其做出大致分类，将建筑垃圾分为建筑物新建剩余材料废物、建筑物拆除废物、装修废物等，再按照不同的大类中施工环节的不同，识别废弃渣土、废弃钢筋等来拆分建筑垃圾。

除了以时间为划分节点对建筑垃圾进行分类外，还可以按照建筑垃圾的内部因素进行划分，将建筑垃圾分为可回收建筑垃圾和不可回收建筑垃圾。可回收建筑垃圾是指通过一定的分解、粉碎手段，可以将建筑垃圾转化为可再次利用的建筑材料或者其他资源，这些垃圾的成分一般都是环保无害的。而不可回收建筑垃圾已经完全不能再次利用，甚至在填埋或者销毁前还需要进行无害化处理的建筑垃圾。这样的分类便于提高建筑垃圾回收处置过程的效率，以实现对建筑垃圾的更好利用。

因此，按照 2020 年最新修订的《中华人民共和国固体废物污染环境防治法》，将固体废弃物划分为工业固体废物、生活垃圾、建筑垃圾、农业固体废物、危险废物。建筑垃圾作为固体废弃物中的一种，有着时间性、空间性、组成复杂性和长期危害性等特点，因此本书将建筑垃圾各种分类统称为建筑废弃物。

（1）组成复杂性。建筑废弃物由多种不同类型的材料组成，包括但不限于：混凝土、砖块和瓦片、木材、金属、塑料、玻璃、石膏板、陶瓷等，许多建筑材料是复合材料，如夹芯板、复合地板等，这些材料通常由多种成分结合而成，回收和处理时需要分离不同成分。同时，建筑废弃物可能含有附着在其上的涂料、黏合剂、密封剂及其他化学品，这些附着物增加了废弃物处理的难度。此外，同一种材料在不同的建筑项目或不同的施工阶段，其特性可能不同。例如，旧混凝土和新混凝土的成分和强度可能存在差异，需要不同的处理方法。

（2）长期危害性。建筑废弃物的组成成分繁杂，包括废水泥、废塑料、废金属料等不可降解的有毒物质，直接运输至堆放场和填埋场内放置，稳定其含有的有害物质需要经过长久的时间。在此期间，建筑废弃物中存在的水合硅酸钙、氢氧化钙和硫酸根盐等毒性成分将大量挥发出来，从而造成周边地区土壤、水、大气污染。同时建筑废弃物的填埋占用了大量土地资源，尤其是在城市地区，土地资源紧张，造成持久的环境问题，填埋场地的选择和管理也会成为一大挑战。除此之外，处理建筑废弃物的工人可能暴露于有害物质中，（如石棉纤维、铅尘、挥发性有机化合物等），长时间积累可能导致严重的健康问题，而未经处理或处理不当的建筑废弃物可能释放有害物质，污染周边环境，威胁社区居民的健康。此外，某些建筑废弃物长期暴露于自然环境中，其化学成分可能发生变化，生成更具危害性的化合物，例如，含硫化物的废弃物在潮湿条件下可能生成硫酸盐，进一步污染土壤和水源。

（3）时间性。从建筑物的全生命周期视角出发，建筑物从设计、施工、使用到最终的拆除，每个阶段都会产生不同类型和数量的废弃物。例如，施工阶段可能产生大量的建材废料，如水泥、砖块和金属，而拆除阶段则可能产生大量的混凝土和钢材。建筑废弃物管理存在一定的即时性和延时性，一些建筑废弃物是在施工或拆除过程中即时产生的，需要立即处理；而其他一些废弃物可能会在建筑物的使用寿命期间逐渐产生，比如装修更换或维修过程中产生的废弃物。这种时间上的差异要求废弃物管理政策和策略具有灵活性，以适应不同阶段的需求。另外，建筑废弃物对环境和社会的影响也具有时间性，短期影响包括对施工现场周边环境的污染和交通的干扰，而长期影响则可能体现在填埋场的占用、资源的浪费以及潜在的环境污染（如地下水污染）。

（4）空间性。从地理分布看，建筑废弃物的产生和处理具有明显的空间性。城市地区由于建筑活动频繁，废弃物产生量较大；在农村或偏远地区，建筑废弃物的产生量相对较少，但处理设施也可能不足。不同建筑场地的特性决定了废弃物管理的难度和方法，比如，城市中心的建筑项目可能面临空间狭小、交通拥堵的问题，废弃物的存放和运输都需精细化管理；而在郊区或新开发区，可能有更多空间用于废弃物的暂存和处理。废弃物处理设施的空间分布直接影响到废弃物管理的效率和成本，集中化的处理设施可能提高效率，但需要高效的运输系统来收集和运送废弃物；分散式的小型处理设施则可以减少运输距离，但可能在技术和经济上不如集中处理设施有效。此外，不同地区的政策和法规对建筑废弃物管理的要求也存在差异，这反映了空间性的另一个维度，例如，一些地区可能对废弃物的分类和回收有严格要求，而其他地区可能主要依赖于填埋或焚烧，这种政策和法规的差异要求废弃物管理在地方层面进行调整和优化。

随着我国城市现代化发展，建筑废弃物成为城市化进程中必须面对的问题，从历史经验及当前形势来看，加强控制建筑废弃物产量已成为改善生态环境、提高国家实力、促进社会进步的重要举措。

自20世纪90年代以来，全球生态环境不断恶化，世界上的许多发达国家和地区已把环境保护和可持续发展列为国家发展的重点战略，把建筑废弃物减量化和资源化处理工作列为政府工作的首要目标。德国《废物处理法》、美国《建筑业可持续发展战略》《综合环境反应补偿与责任法》及新加坡《绿色宏图2012废物减量行动计划》等法律法规，均对建筑废弃物处理工作做出了明确要求，提出通过规定责任主体的任务，以"谁产生谁负责"为基本原则，严格把控建筑废弃物生产过程，强调建筑废弃物源头减产及施工前中后的分类堆放，以期为后续处理减轻压力。这些国家和地区的建筑废弃物治理思路几乎一致，即首先明确建筑废弃物管理战略目标，通过加强立法、完善制度体系、明确责任等措施，丰富强化"减量化"和"资源化"产业链，一方面紧抓建筑废弃物源头减量，另一方面在建筑废弃物产生后抓资源化利用，实现产量和存量双重降低，以此确保目标实现。

近年来，我国针对建筑废弃物管理的法律条文日益严格。2011 年，财政部等部门发布《关于调整完善资源综合利用产品及劳务增值税政策的通知》，为鼓励利用建筑废弃物原料生产建筑砂石、主动处置建筑废弃物等行为，规定对以上行为免征增值税，提倡采用绿色建材施工，并对再生节能建筑材料生产企业补贴贷款利息，深入贯彻落实节约资源和保护环境基本国策，大力发展循环经济。

2013 年，国务院发布的《循环经济发展战略及近期行动计划》指出，必须加快发展循环经济，从源头减少资源消耗和废弃物排放，提高建筑废弃物再利用效率，创新资源化新途径，同时遵循"减量化优先"的原则，改变"先污染后治理"的传统发展模式，因地制宜建设建筑废物资源化利用和处理基地，开展园区循环化改造，发展建筑废弃物资源化利用投（融）资新模式。

2017 年 5 月，国家出台的《循环发展引领行动》针对建筑垃圾、建筑废弃物问题做出重大决策部署。为贯彻落实关于生态文明、推动绿色循环低碳发展，《行动》指出到 2020 年主要资源产出率、建筑废弃物资源化处理率及建筑废弃物循环利用率都要踏上新台阶，主要表现为城市建筑废弃物资源化处理率要达到 13%。

2020 年 9 月，国家发布《建筑垃圾资源化利用行业规范公告管理办法（修订征求意见稿)》等文件，从多个方面对资源化利用行业企业行为做出规范，包括企业选址、企业工艺、技术及设备，以及资源利用和能源消耗等，规定了企业在建筑垃圾方面的处理标准，推动了我国建筑废弃物资源化利用产业高质量发展。

2021 年 7 月 1 日，国家发展和改革委员会印发《"十四五"循环经济发展规划》（以下简称《规划》），提倡大力发展循环经济，并将建筑废弃物资源化利用工程、大宗固废综合利用工程列入重点工程。《规划》中重点任务提出，"十四五"时期形势严峻，要构建资源循环性产业体系，加强资源的综合利用，同时推动建筑废弃物综合利用产品应用，实现源头减量、强化过程控制。随着环保力度的加强及政府一系列文件的发布，建筑废弃物处置再利用成为近年来发展的热门行业。然而，尽管建筑废弃物处置受到了国家的高度重视，但在实际操作中，建筑废弃物管理仍存在诸多问题，如建筑废弃物堆放随意、建筑废弃物临时存放点缺少安全措施、建筑废弃物处理不及时等。这不但会留下安全隐患，还会对周围环境造成一定的影响，例如：

（1）污染水资源。相关废弃物实际的堆放及填埋程序中，因实际产生的发酵及冲刷等过程，再加之地表水之下所产生的浸泡等危害，便会出现非常重大的污染。渗滤液之中有诸多污染物，还有诸多金属以及非金属污染物，造成水质构成极为复杂。

（2）削弱土壤生产力。伴随相关废弃物的产出规模不断增加，相应的堆放点数量也大幅度增加，而堆放场的具体覆盖面积也不断扩大。废弃物和人之间的争地状况已发展到不容忽视的程度，大部分废弃物都会采取露天堆放的策略，经过较长时间的日晒雨淋之后，废弃物中的相关物质依靠渗滤液融入土壤之内，进一步产生物理、化学以及生物反应，类似于过滤、吸附等变化，造成郊区土壤出现显著的污染问题，这也会危害周边的土壤质量。除此之外，露天堆放的废弃物，在各个类别外力影响之下，相对偏小的碎石块会转移到周边土壤，大幅转变土壤实际的物质结构，危害了正常土壤结构，缩减该部分土壤的具体产出规模。

（3）产生有毒物。目前中国多数建筑废弃物都在未进行任何处置的情形下进行填埋或焚烧，在此过程中建筑废弃物受堆场露天温度、水分等多种机制的影响下，有机物质产生分解变化，生成有害气体，对环境造成危害。温室气体的主要来源之一也是来自建筑废弃物处置过程中的碳排放，同时，建筑废石膏中存在诸多硫酸根离子，这类物质在厌氧状态下会转变成具有臭鸡蛋味的相关硫化氢；废纸板等物质则会转化为木质素及有机酸等形态，此类气体融入大气中也会出现显著的污染；细菌、粉尘等也会不断飘洒，进而形成较大的污染问题；即使较小规模的含二胺的建筑废弃物在焚烧时也会产生有毒致癌物的物质，对人体健康造成显著的威胁。

（4）加重环境污染。通过观察发现，建筑工地进行作业时，附近居民必然会面临粉尘、噪声等综合侵扰问题。施工场地周边多数有废弃物的临时堆放的现象，仅仅是为作业便捷考虑，欠缺配套的防护支持，在外部因素的综合影响之下，废弃物可能出现崩塌等事故，还会危害道路安全和建筑安全。

1.2　建筑废弃物管理现状和意义

20世纪90年代初期，我国对建筑废弃物的研究刚刚起步，由于前期建筑废弃物的存量形势并未对生态环境造成太大威胁，政府和研究学者对建筑废弃物的重视程度不足，相应的法律体系还未建立起来，配套设施也不够完善，建筑废弃物治理方面的研究不够丰富。随着我国经济的高速发展，各级政府及利益相关企业也积极参与完善相应的法律制度体系。但是许多开发商、设计院、施工方因各自自身利益并未重视，这也是我国建筑废弃物减排及资源化发展缓慢的原因。近几年，在国家政府大力提倡发展循环经济、构建社会循环体系及实现"双碳"目标的背景下，建筑废弃物的减排及资源化处理才逐渐成为社会焦点。

1.2.1　建筑废弃物量化研究现状

1.2.1.1　建筑废弃物产量的影响因素
研究建筑废弃物产量的影响因素有助于针对建筑废弃物的减量化提出有效的

措施。因此，许多学者从我国建筑废弃物管理的发展现状入手，研究建筑废弃物的产生、处置和回收利用等过程存在的问题，分析建筑废弃物产量的影响因素，从而促进建筑废弃物的管理工作发展。

周鲜华等利用灰色关联度法确定了包括城市化发展、建筑项目过多等影响建筑废弃物产量的主要因素，从投资者、设计者、承包商和政府4个方面提出了相应的对策与建议。研究者冷发光和何更新通过对比国内外建筑废弃物资源利用方面存在的问题，调查研究表明发达国家在建筑废弃物资源化利用方面的政策法规体系比我国丰富许多，因此提出我国各地政府应尽快完善相应的法规、部门规章等，形成更加合理全面的建筑废弃物管理制度体系。为研究分析影响我国建筑废弃物回收管理效率的重要因素，Qiong Tang分析了我国建筑废弃物回收管理方面存在的问题，构建了BIM的预制建筑物协同管理模型，提出建筑废弃物的分类是关键因素。相较于国外的建筑废弃物资源化发展趋势，孙蓓分析了我国建筑废弃物发展现状并认为主要制约因素是缺少相关技术标准的指导。

1.2.1.2　建筑废弃物的产量预测

建筑废弃物的管理工作是发展循环经济的关键，相关学者的研究表明建筑废弃物的治理存在众多影响因素。为实现对建筑废弃物种类、产量的全面把控，部分学者从建筑废弃物产量入手，对我国建筑废弃物产量的预测展开研究。吕双汝通过研究国内外建筑废弃物量化方法，基于工程预算建立了建筑废弃物数量预测模型，通过提取工程量清单中的信息，实现对建筑废弃物数量的预测。基于关联维数特性分布法输出的预测结果，楼森宇利用信息扩散近似推理预测建筑废弃物产量，为金华市的建筑废弃物资源化管理工作提供相应对策。马彩云等首先利用建筑面积估算法对福建省建筑废弃物产量进行估算，然后利用MATLAB建立灰色预测模型，结果表明灰色预测模型精度较合理，为建筑废弃物资源化提供思路，丰富了建筑废弃物量化的预测模型体系。基于1stOpt拟合平台和Visual Basic编程软件，张敏等构建城镇住宅和非住宅建筑废弃物产生量动态预测模型，模拟建筑废弃物产生量的变化趋势，提出政府部门应该宏观调控，减少人均建筑面积，延长建筑使用寿命，从而减少建筑废弃物的产生量。向维等为预测对重庆市未来的建筑废弃物产量构建时间序列模型，针对模型预测结果提出应该着重加强拆除垃圾的控制，同时注意建筑工程废弃物和装修工程废弃物产生量的变化，从源头进行控制。

1.2.1.3　BP神经网络方法在建筑废弃物的应用研究

现阶段，BP（Back Propagation）神经网络在预测问题上的应用已经比较广泛。BP神经网络广泛应用于各领域，刘锋通过分析瓦斯涌出量的影响因素，结合主成分分析法利用BP神经网络预测模型对瓦斯涌出量进行预测，结果发现BP神经网络模型预测精度较好。尹利华等通过构建BP神经网络模型预测软土地基的沉降量，结果表明模型综合考虑了多项影响因素，适用范围较广。马赛炎等基于 BP 神经网络模型，预测北京市加油站土壤中多环芳烃的含量，并基于结果提出朝阳区等地需要对土壤中多环芳烃的含量加强重视。王耀琦等通过 BP 神经网络实现对内燃机机车转速的预测，提高内燃机机车的响应速度，增强其鲁棒性及稳定性。BP 神经网络预测模型的学习效率相对较高，它的误差反向传播性使得该方法的预测误差相对较小，同时该方法可以适用于非线性的问题分析，与建筑废弃物产量的预测有很好的契合度。

1.2.2 建筑废弃物减量化研究现状

目前，建筑废弃物处理的全过程主要包括建筑废弃物的产生、处置、资源化及处置等阶段，而国内外学者针对建筑废弃物的研究主要集中在资源化与再生利用，美国、日本等发达国家在建筑废弃物的管理、政策及技术等方面发展已比较成熟，基本实现建筑废弃物相关产业的稳定发展。减量化是在建筑废弃物产生之前从源头实施控制，是实现减少废弃物的最优选择。减量化原则作为 3R（Reduce，Reuse，Recycle）原则中的重要原则之一，是推动和实现绿色循环经济的重要内容。目前，针对减量化的研究集中在城市生活垃圾、建筑废弃物、餐厨垃圾等多个方面，与循环经济发展、资源化利用紧密联系，应用在农业、建筑业等多个行业。建筑废弃物减量化是指在设计阶段和施工阶段，承包商尽可能地通过技术和管理手段来减少建筑废弃物的产生及对产生的建筑废弃物进行循环利用的全过程，最终目的是将建筑废弃物对环境带来的影响降到最低，实现"双碳"目标。

通过对建筑废弃物减量化相关文献的整理发现，国内外学者针对建筑废弃物减量化管理的研究方向主要集中在建筑废弃物减量化制度建设、影响因素及治理措施三方面。

在建筑废弃物减量化制度建设方面，欧、美、日本等发达国家和地区较早认识到减量化的重要性，经过 40 多年的发展，目前已经拥有较为完善的法律法规和实施体系，可以高效处理建筑施工过程的废弃物。德国于 1986 年颁布《废弃物限制及废弃物处理法》，标志着废弃物源头治理及减量化原则初步成型。20 世纪 90 年代，德国先后颁布《循环经济和废弃物管理法》《联邦水土保持和旧废弃物法令》《建筑废弃物法》及《简化建筑废弃物监控法案》等一系列法律法规，明确固体废弃物产生方对废弃物进行回收、处理及再利用的责任与义务，对建筑废弃物的全过程回收起到重要影响。英国政府在 2008 年 6 月发表《建筑业可持续发展战略》，为建筑废弃物减量提出具体指标，以此减少建筑物碳排放量和资源消耗。2008 年，英国颁布《工地废弃物管理计划 2008》，政府要求将建筑废弃物从直接填埋的处置方式转变为建筑废弃物减量化和循环再利用处理等多种方式。美国作为布局建筑废弃物相关处理较早的国家，目前已经形成一套完善的建筑废弃物减量化实施体系。相关法律法规强制要求相关企业严格按规定解决施工产生的建筑废弃物，这在源头上促进各个主体减量化的意愿，推进建筑废弃物减量化实施。日本由于国土面积小且资源匮乏，因此对建筑废弃物的回收再利用更为重视，建筑废弃物在日本已经可以全覆盖式实现再利用。1991 年，日本政府颁布《资源重新利用促进法》，要求建筑企业在施工过程中尽可能减少建筑废弃物的产生，对产生的废弃物也尽可能地做回收再利用处理。与其他国家相比，我国的建筑废弃物减量化政策颁布与制度建设相对落后。2020 年，住房和城乡建设部发布《关于推进建筑垃圾减量化的指导意见》，首次明确建筑废弃物实施减量化的重要地位，指出施工单位应该组织编制建筑废弃物减量化的专项方案，明确建筑废弃物的减量化目标和职责分工。

　　面对我国目前建筑废弃物管理的严峻的形势，对建筑废弃物减量化影响因素方面的研究一直是国内外学者关注的重点。Lu Weisheng 等通过对常规建筑和预制建筑项目的废弃物产生率进行分析对比，发现采用特定预制构件对建筑废弃物减量化具有积极的影响，其中起到关键作用的并不是采用预制构件的类别，而是预制构件在建筑项目总量中的实际比例。Wang Jiayuan 等选择以深圳作为研究对象在对甲级建筑设计认证的顶尖机构进行调查后发现，大型金属模块、预制构件、更少的设计修改、模块化设计、减少浪费投资及经济激励是影响建筑废弃物减量化的关键因素。Nurzalikha 等以马来西亚建筑业作为研究对象，采用定性和定量研究设计的混合方法，提出有关建筑废弃物减量化倡议的实施框架，认为废物管理公司及马来西亚政府应通过提供建筑废弃物减量化的指导方针并制定相关法律文书来解决建筑废弃物造成的环境问题。Bin Chi 等采用能源与环境设计领导力认证体系（LEED）对中美两国的数据对比，导致两个国家建筑废弃物减量化水平差异的重要因素是法规的执行水平、回收市场的发展程度、公众意识水平及技术等因素。有效的现场管理可以减少建筑废弃物的产生，具体表现为严格遵守合同条款，在施工过程中尽可能减少设计变更，同时为特定材料提供废物斗，最大限度地利用现场材料。易艳青通过设计多种减量化场景组合，发现激励政策和源头计划的组合效果最佳，说明在减量化的管理上，既要重视废弃物源头处理，又不能忽视激励政策带来的减量效果。谭晓宁运用环境行为理论和组织行为理论进行分析，认为在减量化中参与主体的意识水平高低对其行为意愿影响很大，同时强有力的监管与完善的政策也积极影响着其行为意愿。王家远等着重对设计阶段影响建筑废弃物减量化的因素进行分析，归纳出建筑技术、材料管理规划、设计师行为态度、设计师能力、建筑设计及外部制度六个方面的因素。

　　在建筑废弃物减量化治理措施的研究方面，越来越多的人着力研究人的行为和认知对建筑废弃物管理的影响。钟志强等分析建筑废弃物现状及综合利用的情况，提出房屋拆除与建筑废弃物综合利用一体化管理模式，建立信息共享机制并完善相关标准及激励办法等措施来解决深圳市建筑废弃物日益增多的问题。黄娇娇基于计划行为理论，通过问卷调查收集数据的方法分析影响承包商对建筑废弃物减量化管理的相关因素，研究得出：制度完成程度、政府监督力度、回收市场完整性及企业自我效能四类因素是建筑废弃物减量化有效实施的关键因素。同时，广大科研人员通过仿真发现减量化管理的实施会在一定程度上降低建筑废弃物的产量，各参与主体的经济效益都有所增加。荣玥芳等针对北京市的建筑废弃物处理现状进行研究，提出北京市建筑废弃物减量化实施措施与规划策略，具体包括构建全过程减量化模式、完善建筑废弃物治理法律法规体系及将建筑废弃物治理与城市国土空间规划体系相衔接三方面。在构建建筑废弃物全过程减量化的处理模式上，荣玥芳等提出源头减量、实施建筑废弃物分区管控分类收集、利用大数据和 GIS 等智能化手段等策略，从建筑废弃物的产生、收集、运输、处理和管控五个环节来构建建筑废弃物的全过程减量化处理模式。郝建丽等选择对香港建筑业废弃物减量化处理措施进行研究，系统分析香港建筑业的综合减量化措施，通过合理规划公共堆填区、提高建筑技术与管理措施、提高参与主体的环保观念与管理水平三个层面来完成建筑废弃物减量化的工作目标；进一步以中国香港为例，对国内各大城市的建筑废弃物减量化提出参考意见，具体包括通过明确减量化理念来强化社会公众减量化意识，在行业内部通过教育培训、规章制度来加强项目管理人员、技术人员、施工操作人员的环保观念，增加参与主体的收益为参与主体提供建筑减废的动力等。

1.2.3　建筑废弃物资源化研究现状

自改革开放以来的四十余年里，随着城市发展进入新时期，大量的老旧建筑拆除，从而产生的建筑废弃物堆积已成为城市建设的重大问题。此外，鉴于目前每年还在不断增加新建建筑物，预计未来 50 年内，部分城市将迎来建筑废弃物的显著增长期。当前，大部分城市的建筑废弃物还是以填埋为主要处置方式，不仅污染环境，还引发一系列社会问题，例如建筑废弃物无处填埋，造成"垃圾围城"等现象。若不积极采取措施，建筑废弃物填埋占用的土地更是影响城镇化建设的发展。在如此棘手的局面下，"建筑废弃物的资源化"被推上热点。"十四五"规划明确指出，国家将致力于促进资源的节约与集约利用，通过构建资源循环型产业体系以及完善废旧物资的循环利用体系，以推动经济社会的可持续发展。但由于我国建筑废弃物管理的起步较晚，作为循环经济的重要组成部分，"建筑废弃物的资源化"仍旧是新课题。

1.2.3.1　建筑废弃物的资源化管理

建筑废弃物资源化是指通过先进的技术、设备和管理等手段，实现建筑废弃物的利用价值。Peng C-L 等介绍了"3R"建筑废物管理层次图，以减量化、再利用和回收再利用严格划分了建筑废物管理。《日本工业中再循环活动的现状与未来趋势》深入剖析了日本现有的建筑废弃物回收处理工艺。美国学者 Hilary 认为，应该定量分析与测试已开发的方案，从而评估建筑再生产品是否能代替天然材料。Osmani 等通过问卷调查得到在设计过程中培训能可持续地减少建筑废弃物。Duran 等模拟了建筑废弃物回收利用流程中的经济可靠性，发现回收再利用具有经济效益。Kuatunga 等分析得到，芬兰实施建筑废弃物填埋收费政策能更好地激发企业回收建筑废弃物的积极性。收费与补贴相结合的经济激励政策将直接影响利益相关者的经济效益，进而影响其处置建筑废弃物的行为。为了量化建筑废弃物资源化的现实情况，基于数据包络分析 DEA 方式，Rui 对 33 家废弃物回收企业进行了实证研究，探究发现，大多数企业管理效率低下，缺乏激励是资源化系统运行不畅的主要因素。Vivianr 等通过比较不同州实施的法律法规发现，鼓励使用再生产品可以促进资源市场的完善，而不支持使用资源产品是废物管理和资源化利用的主要障碍。总的来说，各国研究表明需要通过各种措施促进人们对建筑废弃物资源化的意愿。

我国对建筑废弃物资源化利用的研究始于 20 世纪 90 年代初，经过这些年研究的不断丰富，虽然取得了一定的进展，但仍需进一步完善。随着循环经济的发展，建筑废弃物的资源化已成为一个重要的研究课题。近几年来，国内专家学者对建筑废弃物的资源化利用进行了广泛的研究，不仅为城市建设垃圾的有效管理提供了依据，也为决策者提供了政策意见。唐浩针对灾后重建的现实建设情况，探讨了多种废弃物的利用方式和与其相适应的环境营建方法。曹小琳和刘仁海借鉴发达国家的经验，构建了建筑废弃物多层次回收再利用模式，并提出了加大科研投入、完善管理机制等建议。魏秀萍、赖巧宇和张仁胜针对我国建筑废弃物管理的难点，提出了相应的建筑项目全生命周期资源管理措施，并表示成立建筑废弃物产业循环体系，引入竞争机制，能实现建筑废弃物的资源化利用。高青松和谢龙构建资源化产业链结构模型，发现了企业内部回收再利用和政府干预对建筑废弃物资源化产业的驱动作用，并提出政策意见。李扬、李金惠和谭金银分析了城市生活垃圾处理产业的发展及驱动力，为建筑废弃物回收资源化行业的发展提供了政策建议。

1.2.3.2　建筑废弃物资源化的经济效益

建筑废弃物的资源化具有经济效益，通过政府的宏观调控，工程建设各参与方的积极参与，可以实现社会、环境、经济效益的有机统一。建筑废弃物被看作"错放的资源"，建筑废弃物资源化的经济效益问题备受外国学者的关注。早在1999 年，美国学者 Mils 就提出了一个废物管理计划，用于选择最优经济效益。Duran 等建立了一个经济决策模型，发现当填埋成本大于资源化运输成本及使用初级集料成本且超过再生集料的成本时，建筑废弃物资源化可以实现经济效益。Tam 借助成本收益法分析比较废弃混凝土的现行做法和再生混凝土的方法，得出废弃混凝土的再生制品能够产生经济效益的结论。根据经济激励原理，Calvo 运用系统动力学分析法来评估激励和税收惩罚的潜在影响，并评估政府对企业建筑废物管理行为的影响程度。Rodriguez 等通过建立西班牙资源化利用厂管理模型，分析再生骨料的技术可行性和经济可行性，并且指出资源利用厂面临的挑战。Oyenuga 等认为建筑废弃物资源化利用的净效益在项目总预算中占比很大，并且应用 3R 原则在废弃物管理中可以节约成本的经济可行性，从而节约建筑废弃物的管理资金。Oliveira 等对三种不同类型的处理过程进行了经济评价概念分析，发现"先进工艺"在内部收益率方面有较好的经济效益。Begum 等以马来西亚的在建工程作为案例进行研究，指出 73% 的建筑废料可用于循环利用，并且利用成本效益分析方法计算得出，循环利用产生的收益占项目总预算的 2.5%。

在建筑废弃物资源化过程中，经济激励政策是影响资源化管理的重要因素，政府可以通过调控经济措施发挥有效作用。目前，国内对建筑废弃物资源化管理各阶段的经济效益进行了研究，当前王家远、刘炳南、刘景矿等对建筑废弃物资源化全生命周期进行了动态仿真，分析整个阶段相关因素对系统的影响，并提出建议来提高经济效益。Yuan H 和叶晓甦等利用成本效益分析法比较不同处置方式下的净效益，认为建筑废弃物管理的各利益相关具有趋利性，在处置过程中最关心的是建筑废弃物为其带来的经济效益。赵平和陈梅丽以就地回收利用模式为系统模式，构建了建筑废弃物就地回收利用模式的综合评价体系。综合运用层析分析法和效率—费用法，得出就地资源化的模式具有应用和发展价值及可观的经济效益。陈建国和沈超以建筑废弃物分拣回收站为研究对象分析补贴政策的影响，结果表明，补贴政策能有效降低废弃物填埋率，对现行填埋收费政策进行了补充，指出废弃物填埋收费与补贴之间存在替代效应。Jia S 等在资源化比例较低的情况下，引入补贴机制，建立了建筑废弃物管理系统动力学模型，分析单一政策与组合政策对模型系统的影响，得出高收费—高罚款—高补贴的组合政策效果最佳。通过对模型进行惩罚和补贴情景仿真，拟惩罚、废弃物处理费和补贴的不同组合结果，得出组合政策效果最优，该结论可为建筑废弃物资源化相关制度的制定提供参考和建议。

1.2.3.3 建筑废弃物管理的法律法规

在建筑废弃物资源化管理过程中，首先从法律角度约束利益相关者行为，让政府的宏观调控起到引导规范作用。在城市化进程中，世界各国早已认识到建筑废弃物的危害性与可再生利用性，发达国家通过合理的法律法制，走上了建筑废弃物回收利用之路，形成了一套符合本国国情的法律体系，中国对建筑废弃物的管理研究还处于起步阶段。针对当今中国建筑废弃物管理的困境，应借鉴国外先进的法制，完善我国相关的法律和政策，以下将从国内外两个方面进行比较分析。德国是欧洲最早开始研究建筑废弃物回收利用的国家，已经制定了非常完备的法律法规体系。德国采用"污染者付费"原则，要求生产商对产品的全生命周期负责，并详尽规定了制造产生垃圾的企业、事业单位及消费者应负的法律责任，最大程度避免建筑废弃物的产生。表1-3为德国制定的相关法律法规。

表1-3 德国建筑废弃物管理主要法律法规

制定年份	法律名称	主 要 内 容
1994	《循环经济与废弃物管理法》	规定立法，促进循环经济，保护自然资源，确保以有利于环境的方式处置废弃物；纳入生产者责任延续制度，强调生产者要对产品整个生命周期负责
2000	《可再生能源法》	政府对建筑废弃物资源化企业提供补贴
2002	《持续推动生态税改革法》	政府加征生态税，并将多余税收补贴给建筑废弃物资源化企业
2015	《城市废弃物管理条例》	加强混杂建筑废弃物的来源分类收集、预处理，增加分类标准规范，规定建筑废弃物的分类率与回收利用率分别达到85%和50%

美国是最早颁布废弃物利用法律的国家。自1965年《固体废弃物处理法》制定以来，美国成为第一个依法确定废弃物再利用的国家。从1915年对废旧道路沥青进行二次利用研究至今，美国先后制定了一系列法律法规，如表1-4所示。经过百年的实践，美国已形成了一套完整的建筑垃圾法律法规体系和管理策略，将建筑废弃物资源化利用率提升至100%。

表1-4 美国建筑废弃物管理主要法律法规

制定年份	法律法规名称	主 要 内 容
1965	《固体废弃物处理法》	经过五次修订，管理模式由末端治理向资源化治理转变，对信息披露、报告、技术创新等问题做出规定，制定经济刺激和限制运用、操作保护、纠纷诉讼等法律法规
1969	《环境政策法》	对环境影响规定了评价制度，提出利益相关者的合作模式
1980	《超级基金法》	规定建筑废弃物必须走回收再利用程序，对利益相关者进行责权界定，对非法倾倒的企业进行处罚
1989	《综合垃圾管理法令》	截至2000年，需按资源化手段处置至少50%的建筑垃圾，未达此要求将被处1万美金/天处罚（行政层面）
1990	《污染防治法》	控制建筑垃圾产出源头，将防控垃圾纳入基础国策。要求尽可能采取有效措施实现废品的再次利用，对无法再利用的垃圾进行无害化处理，实现减量化—资源化—无害化的管理

日本作为亚洲最早研究建筑废弃物管理问题并制定相关法律法规的国家，相关立法较为完善且合乎国情。日本政府的建筑废弃物转移联单制度系统，不仅有效控制建筑废弃物的转移和流转，而且在很大程度上抑制了建筑废弃物的非法倾倒。表1-5列举了日本制定的主要法律法规。

表1-5 日本建筑废弃物管理主要法律法规

制定年份	法律法规名称	主 要 内 容
1977	《再生骨料和再生混凝土使用规范》	规定再生粗骨料的吸水率小于7%
1991	《资源重新利用促进法》	规定施工过程中产生的渣土、混凝土砌块、沥青混凝土砌块、木材、金属等建筑垃圾必须送往资源化设施处理
1994	《建筑垃圾对策行动计划》	明确利益相关者的主要职责，建筑废弃物资源化管理的政策保障
2000	《建筑废物再生法》	不同种类的建筑垃圾应按相关规定进行分类回收
2018	《基本计划》	经过四次修订，提出将循环型社会建设与可持续发展社会建设进行整合，通过循环共生圈实现产品全生命周期的彻底资源循环

与相关国家相比，我国关于建筑废弃物管理的法律、法规及政策制定起步较晚。目前，建筑废弃物占中国城市垃圾40%左右，如何进行减量化和资源化利用是废弃物利用研究的核心领域之一，符合我国各项相关发展战略规划和产业政策的方向和要求。我国现阶段主要采用的资源化处置方式，一般为制造各种再生材料，如生产再生砖、水泥掺料等。我国建筑废弃物资源化相关文件如表1-6所示。

表1-6 中国建筑废弃物管理主要法律法规

制定年份	法律法规名称	相 关 条 款
2013	《循环经济发展战略及近期行动计划》	第7节：推动再利用建材规模化发展；发展绿色建材产品；构建建材行业循环经济产业链。 第3章第10条：落实建筑废弃物处理责任制，按照"谁产生、谁负责"的原则进行建筑废弃物的收集、运输和处理
2013	《绿色建筑行动方案》	"十三五"时期12项重点任务中提出"完善垃圾收运处理体系，提升垃圾资源利用水平"
2017	《全国城市市政基础设施建设"十三五"规划》	开展建筑垃圾治理，提高源头减量及资源化利用水平。着眼于建筑垃圾产生的现状和发展趋势，加强建筑垃圾全过程的管理，加快设施建设，形成符合城市发展需要的建筑垃圾处理系统

制定年份	法律法规名称	相 关 条 款
2018	《"无废城市"建设试点工作方案》	推动 100 个左右地级及以上城市开展"无废城市"建设，到 2025 年，"无废城市"固体废弃物产生强度较快下降，综合利用水平显著提高，无害化处置能力有效保障，减污降碳、协同增效作用充分发挥
2021	《"十四五"时期"无废城市"建设工作方案》	到 2025 年，固体废弃物处置及综合利用能力显著提升，利用规模不断扩大，新增大宗固体废弃物利用率达 60%，持续推进固体废弃物处置设施建设，加快建筑垃圾精细化分类及资源化利用

1.3　我国建筑废弃物管理的不足

我国建筑废弃物管理在减量化管理、量化研究、资源化研究方面仍存在一些不足之处。

1.3.1　建筑废弃物量化研究

国内建筑行业在追求发展速度的同时忽略了发展的质量，由此产生大量建筑废弃物，不仅对资源造成了浪费，还对环境造成了污染。因此，要避免走先发展后治理的老路，就需在建筑行业快速发展的同时加大对建筑废弃物的研究及治理力度。目前虽有部分学者对国内建筑废弃物的产量进行较为可靠的量化，但针对具体项目其精确度仍不高。

1.3.2　建筑废弃物减量化研究

近年来国内外学者对建筑废弃物的减量化进行了广泛的研究与探讨，且卓有成效，如从设计上减量化、推出激励政策、收费政策等减量化措施对建筑废弃物管理的影响，为政府制定政策提供参考。这些研究却鲜有站在建筑产品全生命周期视角分析建筑废弃物减量化关键影响因素，更缺乏系统探讨建筑废弃物减量化影响机理。另外，建筑废弃物减量化管理政策对建筑废弃物资源化利用产业实施效果如何？现有的文献对这些问题尚未进行深入研究。

现阶段，学者运用 Agent 建模仿真技术探讨了利益相关者间相互协调对提高废弃物减量化水平的作用，或通过构建系统动力学模型对建筑废弃物减量化效果进行动态仿真模拟，也有学者采用结构方程模型方法分析施工设计阶段影响废弃物减量化的各个因素等，诸多系统方法的运用为建筑废弃物减量化研究提供了一定思路。

相关学者验证设计阶段和施工阶段实施建筑废弃物减量化管理可获得较好的经济和环境效益，也有研究提出过在建设项目合同阶段、材料运输过程及现场施工过程中采取相应管理措施是实现建筑废弃物减量化的有效途径。现有研究主要针对建设工程项目的某个阶段探讨建筑废弃物减量化影响因素，忽视源头计划的各阶段与激励政策中人的行为和认知因素对减量化的影响。

1.3.3 建筑废弃物资源化研究

（1）法律法规。在法律法规方面，发达国家的法律体系制度较为成熟，对建筑废弃物实行分层管理。我国国家及地方制定大量建筑废弃物经济激励政策，大多是鼓励性质，可执行性较差且责任主体不明确，实施效果不佳。

（2）减量化和资源化管理。在资源化管理领域，国外的研究成果较为丰富，从建筑废弃物各阶段的责任主体划分到细分的法律法规及建筑废弃物的资源化等，通过有效的经济激励政策促使各相关主体因趋利性进行建筑废弃物的分类及资源化处置行为，以提升资源化利用率。我国建筑废物资源化管理的研究起步较晚，目前理论研究已取得显著成就，但关于行为和认知对减量化和资源化管理的研究领域相对较窄。

（3）资源化经济效益。在经济效益方面，国外研究深入建筑废弃物的各个阶段，政府通过宏观调控，让利益相关者积极参与到资源化管理工作当中，从而实现经济效益。我国研究主要聚焦在宏观尺度上的政策法规、微观尺度上的减量化管理、全生命周期的成本效益分析等方面，鲜有研究和实践讨论和分析行为和认知对资源化企业经济效益的影响。

1.4 国内外建筑废弃物治理趋势

了解一个领域的热点、前沿和现状可以指导进一步的研究，而文献计量学可以做到这一点，文献计量学中经常被用到的两种方法是手工文献分析和科学计量分析。陈超美教授开发的 Citespace 软件和荷兰莱顿大学 Van Eck 和 Waltman 开发的科学知识图谱软件 VOSviewer 都是可视化分析的有效工具，可以进一步直观地呈现科学计量分析的结果。

Web of Science（WoS）和 Scopus 是研究人员进行文献计量分析的首选数据库。由于 WoS 数据库包含了大量的工程、社会科学、医学、管理学、哲学等学科的文献，因此选择 WoS 作为选择研究数据的数据库。使用的检索词有"sustainability OR sustainable development"和"construction waste * OR C&D OR construction waste management OR demolition waste * OR decoration and renovation waste management"，同时数据的文献语言限于英文。通过比较各数据库和 WoS 核

心文集的检索结果，可以发现前者发表文章虽然较早（1994 年开始），但 1994—2001 年间发表的 8 篇文章主要是对建筑废弃物和资源可持续发展的早期探索，对当前热点和趋势的识别影响不大。同时，WoS 核心集的文献在建筑废弃物研究方面具有开创性和高质量，选取的 3550 篇出版物的原始数据全部来自其中，包括研究文章、综述文章、论文集、数据论文和提前访问文章，不包括编辑材料、信件和书评。

利用 Citespace 软件对建筑废弃物和资源可持续发展发表的文章数量分布数据进行分析，如图 1-2 所示，其中，发文量最高的国家以堆叠柱的形式显示。图中折线表示该领域累计发文数，反映了 2002—2022 年该领域研究成果的发展现状。通过分析虚线可以发现，第一篇文章发表于 2002 年，连续 6 年发表文章数少于 25 篇，增长缓慢。2016 年，年度发表数量首次突破 100 篇，学术界对这一领域的兴趣越来越浓厚。2022 年，发表的文章超过 700 篇，研究愈发多元化。由此，根据上述研究成果，可以将 2002 年以来的研究进展大致分为探索阶段（2002—2007 年）、初始增长阶段（2008—2015 年）和快速发展阶段（2016—2022 年）三个阶段。

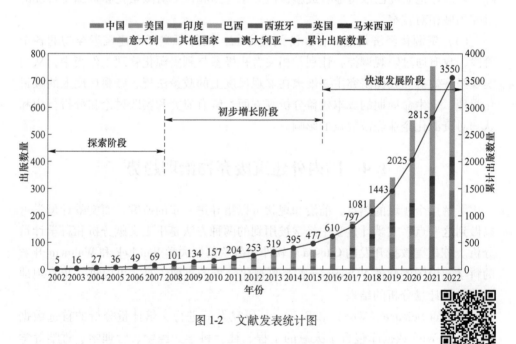

图 1-2　文献发表统计图

同时，图 1-2 也展示了各国在建筑废弃物和资源可持续发展领域的研究现状。可以看出，中国在这一领域的发展呈现指数级增长趋势，而印度和巴西在早期增长非常缓慢，直到 2018 年才活跃起来。美国和澳大利亚的相关研究稳步发展，而马来西亚、意大利等国的研究则呈现波动式增长。

表 1-7 列出了 10 种最具生产力的期刊。*Journal of Cleaner Production* 发表数排名第一（11.414%），影响力较大，其次是 *Sustainability*（8.012%）、*Construction and Building Materials*（7.787%）、*Materials*（2.952%）和 *Resource Conservation and Recycling*（2.839%）。显然，环境保护、建筑材料、可持续发展是十大最具产出出版物的核心主题。这说明研究人员的期刊选择相对简单，我们可以更加关注这些期刊，跟踪研发废弃物和资源可持续发展领域的研究前沿和热点文章。

表 1-7 发表期刊占比

序号	期 刊 名 称	数量	占比
1	*Journal of Cleaner Production*	406	11.414%
2	*Sustainability*	285	8.012%
3	*Construction and Building Materials*	277	7.787%
4	*Materials*	105	2.952%
5	*Resources Conservation and Recycling*	101	2.839%
6	*Journal of Building Engineering*	67	1.884%
7	*Environmental Science and Pollution Research*	61	1.715%
8	*Buildings*	44	1.237%
9	*Waste Management*	44	1.237%
10	*Journal of Materials in Civil Engineering*	42	1.181%

利用 VOSviewer 分析各国/地区的研究情况，共有 117 个国家/地区在这一领域做出了贡献，但只有 69 个国家/地区发表了 10 篇及以上的论文。中国是生产力最高的国家（$n=828$，23.32%），其次是印度（$n=339$，9.55%），澳大利亚（$n=299$，8.42%），美国（$n=285$，8.03%）和英国（$n=258$，7.27%）。

随着建筑业的发展，各国对建筑废弃物的重视程度越来越高。其中，发表文章最多的中国，与澳大利亚、美国、英国的合作非常频繁，通过全球交流、合作和信息共享，在研发废物和资源可持续发展方面取得了迅速进展。此外，尽管印度发表研究文章的时间晚于预期，但近年来关于建筑废弃物的数量增长迅速，说明印度已经逐渐意识到建筑资源可持续发展的重要性。

关键词是研究内容的简明总结。通过文献计量学分析，可以明确当前建筑废弃物与资源可持续发展领域的主要热点和中心趋势。经过软件分析得出，除了已经搜索的关键词"sustainability（可持续）""construction（建筑）"和"waste

（废弃物）"外，"performance（性能）"（ $n = 566$ ）、"concrete（混凝土）"（ $n = 516$ ）和"mechanical properties（力学性能）"（ $n = 492$ ）是使用频率最高的 3 个关键词。研究表明，材料力学性能的研究在研发废弃物和资源可持续开发领域尤为重要，这不仅可以扩大再生产品的市场，增强参与者在建筑项目中使用再生产品（特别是再生混凝土产品）的信心，还可以保证其在设计期内的承载力和耐久性。如何提高再生产品的质量，逐渐成为这一领域的热点。有学者对含再生骨料的混凝土的物理性能进行了分析；还有学者通过总结前人的文献，对再生骨料的力学性能、渗透性能和物理性能进行了研究，最后提出了主要用于混凝土的基本性能分类，为衡量再生骨料的质量提供了一种实用的方法。近几十年来自密实混凝土变得极为流行，Aslani 等评估了再生混凝土和碎橡胶骨料在自密实混凝土中的最佳配合比设计，以优化性能；接下来是"fly ash（粉煤灰）"（ $n = 408$ ）、"life cycle assessment（生命周期评估）"（ $n = 401$ ）和"management（管理）"（ $n = 339$ ），这表明除了专注于废物处理技术和处理目标之外，同样有必要探索和创造新的废物管理方法，以减轻自然资源消耗和环境退化的巨大负担。先进的管理工具和方法对促进建筑行业的经济效益和环境效益发挥着重要作用。生命周期评价（LCA）管理方法的引入，反映了目前对建筑废弃物的研究已不仅仅局限于施工阶段的减废和回收；利用 BIM、大数据等技术工具，在规划设计阶段进行详细规划、纠错、废弃物管理，减少研发浪费；在建筑工程采购阶段，可以订购更多的绿色和可回收材料，以减少建筑废弃物对环境的影响。Hossain 等使用生命周期评估方法比较从研发废物中生产再生骨料与从原材料中生产天然骨料的环境影响。

　　为更直观地了解建筑废弃物与可持续发展的研究工作，利用 Citespace 对该领域关键词的演变进行分析，结果表明，"emission（排放）"和"sustainable development（可持续发展）"是最早出现的，这说明建筑业产生的有害气体，特别是 CO_2 ，是造成生态环境恶化的原因。正是生态问题和社会问题的逐渐暴露，推动了建筑业的可持续发展趋势。虽然排放问题早在 2002 年就被提出来了，但相关的研究却很少，直到最近才活跃起来。一些研究人员已经开始通过研究环境友好且具有成本竞争力的地聚合物混凝土来减少 CO_2 排放，以逐步取代依赖能源和破坏环境的普通硅酸盐混凝土（OPC）。也有学者计算了地聚合物再生骨料混凝土的碳排放量，并对其坍落度、抗压强度等物理性能进行了研究，以证明其替代普通硅酸盐混凝土的可行性。2004 年至 2006 年期间出现了许多与材料相关的关键词，如"energy（能源），concrete（混凝土），cement（水泥），aggregate（骨料）"等。其中，"energy（能源）"的中心性最高（中心性 = 0.13），起着桥梁的作用。建筑业的能源消耗和污染巨大，因此学者们开始关注建筑业及其材料的环境绩效。"environmental impact（环境影响）"和"design（设计）"这两个关键词出现于 2006 年，也反映出研究人员为了优化废料的最终处置过程，已逐渐将研究重点转移到施工阶段以外的其他环节，在随后的几年里，大部分的精力都花在了各种回收材料的开发和性能优化上。2018 年以来，"green concrete（绿色混凝土）"和"circular economy（循环经济）"的出现，标志着建筑业开始以绿色建筑、循环经济等新理论为指导，需要探索新的有效的管理模式，促进建筑废弃物资源化利用和建筑资源的可持续发展。

随着建筑废弃物管理的发展和资源的可持续发展，尽管 2018 年后新课题的引入有所放缓，但仍有许多新的机遇和挑战。结合关键词突变强度分析结果可以看出（如图 1-3，图中的深色部分表示在此期间学术界对关键字的兴趣突然增加），近一段时间（2019—2022 年），"optimization（优化），implementation（实施），strategy（策略）"这三个关键词再次受到学术界的高度关注。它们各自的突变强度也位列前三，因此，这些关键词可以被认定为该领域近期的热点话题。确定和实施绿色建筑材料（GBM）标准并评估其可持续性，打破促进循环经济（CE）的障碍，将生命周期可持续性评估（LCSA）整合到设计阶段以优化建筑性能及实现建筑废物产量最小化策略有望成为未来的研究方向。

关键词	年份	突变强度	开始年份	结束年份	2002—2022年
废水	2002	6.46	2002	2018	
环境评估	2002	5.23	2007	2016	
气候变化	2002	9.87	2010	2019	
土壤	2002	7.36	2011	2016	
建筑材料	2002	5.47	2012	2017	
稳定性	2002	9.51	2013	2017	
环境可持续性	2002	7.60	2013	2017	
炉底渣	2002	6.00	2014	2016	
方法	2002	7.07	2015	2018	
再生混凝土骨料	2002	6.27	2015	2018	
政策	2002	5.88	2015	2019	
城市	2002	7.93	2016	2018	
材料的回收和再利用	2002	5.87	2016	2017	
中国香港	2002	9.93	2017	2018	
项目	2002	8.17	2017	2020	
硅酸盐水泥	2002	7.66	2017	2019	
自密实混凝土	2002	6.20	2017	2018	
灰	2002	9.71	2018	2020	
优化	2002	12.55	2019	2022	
实施	2002	12.34	2019	2022	
硅粉	2002	10.01	2019	2022	
建筑业	2002	5.38	2019	2022	
策略	2002	14.27	2020	2022	
矿渣	2002	8.68	2020	2022	
高炉渣	2002	6.89	2020	2022	

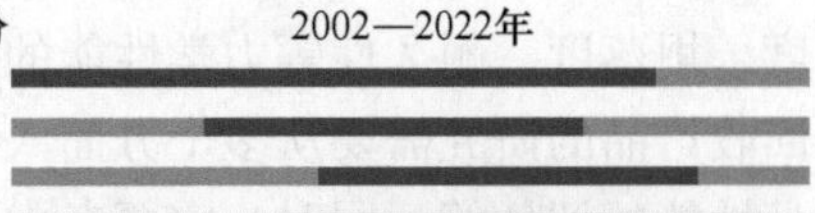

图 1-3　突变强度排名前 25 的关键词

根据上面分析的结果，可以总结出研发废弃物与资源可持续发展领域的研究热点，"performance（性能），concrete（混凝土），mechanical properties（力学性能），fly ash（粉煤灰），management（管理），life cycle assessment（生命周期评估），circular economy（循环经济）"等关键词出现频率较高。目前，在回收产品中，混凝土是最常被考虑的材料，地聚合物混凝土、钢纤维再生骨料混凝土等新型再生混凝土正在开发中，对再生混凝土的抗压强度、抗弯强度、坍落度、耐久性等力学性能的研究也是该领域经久不衰的课题。近年来，建筑废弃物管理方法得到了发展，并取得了一些成果。学术界对生命周期评估（LCA）方法给予了很大的关注，表明减少环境足迹的相关研究是该领域的热点，LCA在研发废物资源管理中的应用，强调在整个过程中防止废物对整体环境的影响，它改变了以往只注重经济效益或技术发展的思路，优化了一些有前景的技术的具体步骤，为建筑废弃物管理提供了新的方向，也有人建议将生命周期可持续性评估（LCSA）纳入建筑设计。此外，有关建筑废弃物和减量化的相关研究也成为该领域的重点，从而进一步提高建筑废弃物资源化、无害化水平。

　　建筑废弃物回收产品的研究是当前社会可持续发展的一个重要方向。这些废弃物的回收利用可以减轻对资源的消耗，降低环境污染，促进经济发展。新型再生混凝土的开发研究尤为热门，例如地聚合物混凝土、钢纤维再生骨料混凝土等新型再生混凝土正在开发中，如图1-4所示。对其本身性能，抗压强度、抗弯强度、坍落度、耐久性等力学性能的研究也是该领域经久不衰的课题。建筑废弃物回收产品的研究需要从多个方面入手，包括废弃物的分类、处理技术的研究、产品性能的评估等。同时，需要考虑如何提高再生材料的利用率，提高产品的性能和品质以及如何推广应用再生材料。

图1-4　微观下的地聚合物混凝土

在资源可持续性的研究方面，建筑废弃物研究始终处于前沿。尽管近年来循环经济得到了广泛推广，但由于各种问题，许多国家在实施循环经济方面仍面临困难。循环经济和绿色建筑材料是近年来学科与发展、资源与可持续性发展的热点，其目的是探索一种新的管理模式，充分融入资源可持续性发展的理念。总的来说，演进过程可以概括为回收—减量化—可持续性。建筑业在推动经济发展的同时，能源消耗和环境破坏严重，如资源短缺、温室气体排放、土地流失等问题，二者之间的矛盾日益尖锐。因此，许多国家逐渐意识到，如果建筑废弃物产量继续按照目前的情况上升，将导致巨大的损失。因此，考虑到建筑废弃物的高残值，资源可持续性的概念逐渐应用于建筑废弃物的处置和管理中。首先，学者们开始开发和研究再生产品，重视建筑废弃物并扩大市场，如再生骨料、再生块、再生砖等；之后，学者们开始强调建筑废弃物的减量化，并注重资源回收的经济和环境效益来证明其可持续性，如生命周期评价、回收产品性能优化、建立环境效益评价模型、成本补偿模型研究 BIM、GIS 和大数据技术也在不断发展，如图 1-5 所示。

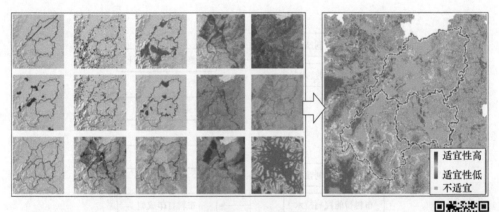

图 1-5　某地区建筑废弃物填埋场适宜性评价分析

彩图

为降低废弃物的数量和对环境的影响，对新技术的应用和发展展开大量研究。例如，在过去的五年里，除了注重可持续发展，3D 打印技术、装配式建筑等减量化技术也在不断推进。3D 混凝土打印技术的发展顺应了当前建筑信息化的大趋势，如图 1-6 所示。在选择建筑废弃物作为打印材料的同时，可以实现资源的循环利用。装配式建筑在预制材料的选择、生产工艺、施工工艺等方面都可以充分发挥其节省劳动力、节能的优势，但装配式建筑利用建筑废弃物的技术瓶颈一直存在，如图 1-7 所示。因此，打破建筑废弃物减量化推广和有效实施的限制，优化回收产品的性能，满足 3D 打印技术、预制技术等新兴技术的选材标准，利用进化博弈论等方法研究各利益相关方的行为因素，并向政府提出政策建议，鼓励使用上述管理方法和技术，可视为当前的研究前沿。

图 1-6 3D 混凝土打印技术

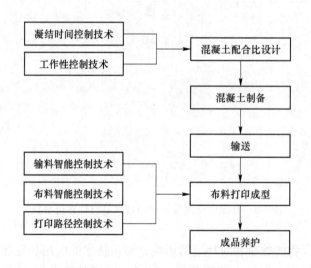

图 1-7 混凝土打印施工工艺

除此之外，建设项目中不同参与主体（如业主、设计师、施工方、供应商、监管机构等）各自有其特定的角色和责任。通过研究他们的行为，可以更好地理解各主体之间的互动关系，优化沟通和协作。提高项目管理的整体效率是目前建筑废弃物管理研究的热点和新趋势。例如，从目前已有的研究看，在建筑废弃物资源化管理中，仅仅通过政府采购和补贴来促进研发废弃物的回收利用是低效的；承包商减少建筑废弃物方面的参与度，回收企业从事生产材料开发和技术研究的意愿都不强。因此，基于相关理论建立行为模型，寻找激励各利益相关方积极参与建筑废弃物资源化处置的动机、意愿等，可以作为未来的发展方向，以引导市场利益相关方的资源化处理选择行为，实现更高的经济、社会和环境效益。在建设项目中，不同主体之间可能会发生利益冲突和分歧，通过深入研究他们的行为模式和动机，可以更好地理解冲突的根源，制定有效的冲突解决机制，维护项目的顺利进行。因此，建筑废弃物相关利益者的行为和认知又是建筑废弃物管理的一个新的挑战，将进一步推动建筑废弃物管理高效实施。

2 建筑废弃物管理理论

2.1 建筑废弃物管理原则

建筑废弃物管理是建筑产业中一个重要的环境保护和资源利用问题。建筑行业在建设、改建和拆除建筑物过程中会产生大量的废弃物，包括混凝土、钢筋、砖瓦、木材等材料，这些废弃物对环境造成负面影响，例如土地资源占用、污染、能源浪费等。因此，建筑废弃物管理具有重要的意义，而"3R"（Reduce，Reuse，Recycle）理论则是其中的重要指导原则，如图 2-1 所示。

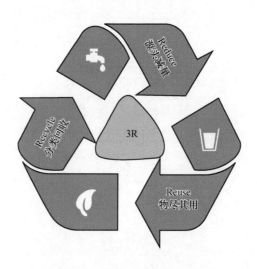

图 2-1 "3R" 理论示意图

首先是"减量化（Reduce）"，这是建筑废弃物管理中最重要的一环。减少废弃物的产生量意味着在设计、建造和使用建筑物时尽量减少资源和材料的消耗。在设计阶段，可以采用节能、节材、环保的设计理念，选择环保材料和技术，以减少建筑物的资源消耗和废弃物产生；在建造阶段，可以优化施工过程，减少物料的浪费和损耗，提高建筑物的使用寿命，延缓废弃物产生；同时，在建筑物使用阶段，做好维护保养工作，延长建筑物的使用寿命，减少翻修和拆除的频率，进一步减少建筑废弃物的产生。

其次是"再利用（Reuse）"，指将建筑废弃物再利用起来，使之再次发挥作用。对于建筑废弃物来说，部分废弃物还具有再利用的潜力，例如旧砖瓦可以破碎再利用在装饰工程中，旧木材可以制作成家具等。回收利用不仅减少了对原材料的需求，节约了资源，还可以降低建筑废弃物处理的成本，减轻环境负担。因此，在建筑废弃物管理中，鼓励并推动回收利用是非常重要的。

最后是"回收再利用（Recycle）"，指将建筑废弃物进行再加工，以重新生产相同或相似的产品在建筑业中再循环利用，也是我们常说的"资源化"。在建筑废弃物中存在大量可回收再生的材料，例如再生混凝土、再生钢筋等，通过对这些建筑废弃物的再利用，可以减少资源的消耗，延长原材料的使用寿命，降低生产成本，同时减少环境的负面影响。因此，建筑废弃物管理中，推动循环利用也是十分重要的一环。

综合来看，建筑废弃物管理中的 3R 理论，即减量化（Reduce）、再利用（Reuse）和回收再利用（Recycle）原则是建筑废弃物管理的基石。通过减少废弃物的产生、提倡回收再利用和促进资源的循环利用，可以有效降低建筑废弃物对环境的影响，实现资源的有效利用和环境的可持续发展。建筑业需要在各个环节积极实施 3R 理论，不断探索创新的管理方式，推动建筑废弃物管理向着更加环保和可持续的方向发展。但这整套理论中，都不可忽视参与者的作用，建筑废弃物全过程管理中各个利益相关者的行为和认知，决定了 3R 的实施效率。

2.2　建筑废弃物管理的理论基础

计划行为理论（Theory of Planned Behavior，TPB）由 Ajzen 在理性行为的基础上引入了一个新的变量——知觉行为控制，这一影响因素受外部环境、自身知识技能等影响。如图 2-2 所示，计划行为理论认为，实际行为受到了来自行为意向和知觉行为控制的直接影响，实际行为同时受到了来自行为态度和主观规范对行为意向的间接影响。知觉行为控制是计划行为理论中的重要变量，它直接或间接地影响着实际行为，是个人非理性行为的重要体现。该理论的主要适用对象为

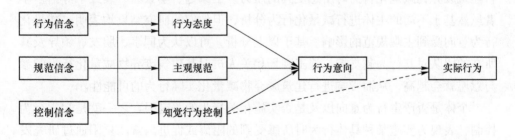

图 2-2　计划行为理论模型

非完全理性行为个体，能够很好地解释这种个体的行为，非完全理性行为也更符合我们人类个体的行为选择。结合已有的建筑废弃物减量化研究的相关文献和总承包单位减量化行为的相关特点，基于计划行为理论来研究施工现场相关人员建筑废弃物减量化行为是符合实际情况的。

计划行为理论的有效应用首先要考虑到以下几点：

（1）行为意向不完全被控制于个人意志，同时需要考虑内部和外部环境的制约，行为意向能够直接作用于实际行为的前提是个人意志实施条件充分；

（2）行为态度、知觉行为控制、主观规范三者与行为意向有着直接的线性关系，即个体对某种行为持积极态度，个体的领导朋友等越支持，个体越认为自己有能力实施该行为，个体越有可能产生行为意向，反之同理；

（3）不同的行为使个体产生不同的信念，而这些信念又分别控制着个体的行为态度、主观规范、知觉行为控制；

（4）虽然行为信念、规范信念和控制信念三者分别产生了不同的作用，但是三者既存在着差异又存在着相互作用。

态度是心理学中的一个重要概念，是指个体对某种行为持有正面或负面、积极或消极的看法或意愿。例如，设计施工总承包单位对建筑废弃物减量化的态度是指其对建筑废弃物减量化行为所持有的积极或消极的想法，态度与行为意向之间有一定的互相作用，当他们认为这一行为能够产生积极的影响，总承包单位会对建筑废弃物减量化行为持积极态度，更有可能产生建筑废弃物减量化行为意向，从而对实际行为产生一定的影响。很多学者基于计划行为理论对不同的行为主体进行建筑废弃物减量化研究，研究结果均表明，他们的行为态度会对建筑废弃物减量化意向产生正向影响，如 Bamberg 和 Möser 研究发现态度对行为意向的影响比行为更大。李景茹等在设计阶段对建筑废弃物减量化研究证实，设计人员对建筑废弃物减量化行为的态度对意向的影响确实大于行为。

在计划行为理论中，主观规范是指个体在做某件事情时所感受到的社会压力与做某件事情的难易程度，如来自同事、领导、朋友等的影响。它反映了其在进行建筑废弃物减量化行为时所感受到的压力。王家远、李景茹、袁红平等诸多学者虽然基于不同的主体进行减量化行为分析，但他们的研究结果均表明，减量化行为意向受到主观规范的影响。基于以上分析，可以认为同事、朋友、领导及其所在的团队对其行为越支持，施工现场相关人员对其建筑废弃物减量化行为的参与意愿就会越高，从而影响进行建筑废弃物减量化实际行为的可能性。

个体是否产生行为意向以及是否实施相关行为的关键因素之一就是知觉行为控制，表现为实施某种具体行为时所感受到的阻碍或促进因素。夏阳通过研究发现，知觉行为控制和行为意向共同作用于实际行为，但知觉行为控制的影响程度更大。一般情况下，设计施工总承包单位的建筑废弃物减量化行为不完全受其个体意志所支配，设计施工总承包单位在进行建筑废弃物减量化时还需要考虑自身能力与外部条件。Poon 指出在内部管理措施及项目场地中，施工人员是否能在减量化行为中感受到便利会对建筑废弃物产生巨大影响。相关从业人员如果因为能力不足、实施难度较大、并不具备相应的施工技术等外部因素的制约，即使对建筑废弃物减量化持有积极态度，也很难产生建筑废弃物减量化行为意向。可见，施工现场相关人员对实施建筑废弃物减量化行为的知觉行为控制会影响其参与的行为意向，从而对其减量化行为产生影响。

行为意向是指不同个体是否愿意进行建筑废弃物减量化行为。除了减量化相关分析，其他分析也表明，个体对具体行为是否产生行为意向被认为是影响行为发生的关键因素。一般而言，个体对于某一具体行为的参与意愿越高，其实施相应具体行为的可能性也随之升高。许多学者通过调查研究发现，个体行为的发生背后通常是因为其产生了积极的行为意向，反之亦然，故行为意向是影响实际行为的关键因素。例如相关研究提出，在建筑行业，建筑废弃物产生量在很大程度上取决于施工人员意识水平是否足够。学者们还提出虽然是否实施该实际行为同时还受到许多外部因素的影响，但当客观因素达到一定标准或要求时，他们的行为意向会变为对其实际行为最大的影响因素，直接促进行为的产生，再一次印证了行为意向对实际行为的关键作用。

除上述计划行为理论原始变量影响因素外，大量的研究发现，存在客观因素影响研究主体的实际行为，如监管体系、政策、激励方式等多种影响因素对主体的实际行为存在着显著的促进或阻碍作用。学者通过研究指出，这些外在的客观影响因素不仅可以通过影响减量化行为意向来影响实际行为，还可以直接作用于实际行为。特别是当实际行为执行难度较大，较为复杂时，所提出的外在客观影响因素的作用会更明显，同时心理或思想上的内在影响因素对该行为的影响会减少。

社会和市场环境是指相关企业在进行建筑废弃物减量化管理时，来自社会和市场的压力或激励。其在考虑是否进行建筑废弃物减量化行为时，还应该考虑除了行为态度、主观规范等以外的约束条件，比如：社会公众对于建筑废弃物减量化的认识和理解、可循环利用建材市场的潜力和发展及社会节能环保意识的水平等。

在现有的减量化相关研究中，社会和市场环境被研究证实在建筑废弃物减量化领域对个体的行为意向有着重要作用，社会文化环境、公众舆论和市场需求是影响承包商对建筑废弃物减量化意愿的最重要因素之一。夏阳提出了社会压力和公众意识等八个主要因素会影响设计人员建筑废弃物减量化行为。谭晓宁从企业自身的角度出发，以态度因素、个性因素、认知因素、情境因素和其他因素以分类标准对影响因素进行归纳，减量化行为所面临的社会压力之一就是情境因素，他还指出实施减量化行为所带来的经济、社会和环境效益的认同感是企业实施建筑废弃物减量化行为的重要原因。在李则余的研究中，考虑了媒体舆论压力、市场压力对企业减排意愿的影响，此外，潜力巨大的市场体系能够激励建筑废弃物减量化管理。

在项目建设的过程中，政府主要扮演了建筑废弃物减量化的监管者和倡导者，起到主体导向的作用。政府监管表现为法律法规和标准对建筑废弃物减量化的要求和约束，政府的法规和相关监管手段通常会直接影响建设项目行为主体的建筑废弃物减量化行为。丁志坤指出政府的法律法规和相应的监管体系能够影响承包商建筑废弃物减量化管理的水平。Alsari 等通过调查问卷对承包商建筑废弃物管理进行了研究分析，研究结果表明了政府监管和经济收益是影响承包商实施建筑废弃物减量化行为的重要影响因素。王家远等学者对影响设计阶段建筑废弃物减量化行为的因素进行了归纳分析，指出减量化相关的政策法规和政府力度都对设计阶段建筑废弃物减量化产生了显著影响。此外，研究证实，政府监管在一定程度上极大提高了设计过程中建筑废弃物减量化管理水平。

同时，政府对于相关政策的制定与解读及相关的监管力度都会对社会公众对于建筑废弃物减量化的相关态度和行为产生影响，政府有责任引导形成良好的社会环境和市场环境。

2.3　建筑废弃物管理评价

随着"双碳"目标的不断推进，产品碳足迹与生命周期评价方法越来越受到人们的重视。生命周期评价（Life Cycle Assessment，LCA）是一种评价产品、工艺或服务从原材料采集，到产品生产、运输、使用及最终处置整个生命周期阶段（从摇篮到坟墓）的能源消耗及环境影响的工具。同时，LCA 是一种面向研究对象开放与注重环境影响的评价方法，它将资源消耗、土地占用及大气污染物排放等作为环境识别因子，通过量化分析精准反映研究对象对环境的实际影响程度。因此，LCA 可以帮助企业和政府机构更好地了解其产品、工艺或服务对环境的影响，从而采取相应的改进措施，减轻环境负担，提高研究对象可持续性。其理论模型如 2-3 所示。

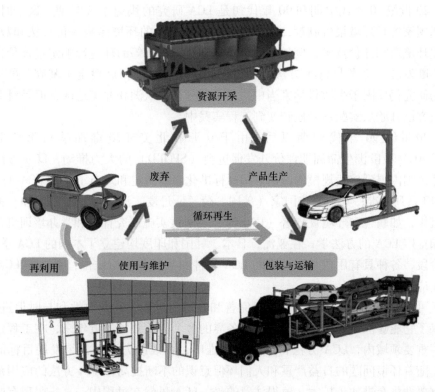

图 2-3　LCA 理论模型

2.3.1　生命周期评价（LCA）应用

关于 LCA 的应用，最初可追溯到 1969 年美国可口可乐公司对不同饮料容器的资源消耗和环境释放所做的特征分析。该公司在考虑是否以一次性塑料瓶替代可回收玻璃瓶时，比较了两种方案的环境友好情况，肯定了前者的优越性。自此以后，LCA 方法学不断发展，现已成为一种具有广泛应用的产品环境特征分析和决策支持工具。

随后主要集中在对能源和资源消耗的关注，这是由于 20 世纪 60 年代末和 70 年代初爆发的全球石油危机引起人们对能源和资源短缺的恐慌。后来，随着这一问题不再像以前那样突出，其他环境问题也就逐渐进入人们的视野，LCA 方法因而被进一步扩展到研究废物的产生情况，由此为企业选择产品提供判断依据。在这方面，最早的事例之一是 70 年代初美国国家科学基金的国家需求研究计划（RANN），在该项目中，采用类似于清单分析的"物料—过程—产品"模型，对玻璃、聚乙烯和聚氯乙烯瓶产生的废物进行分析比较。另一个早期事例是美国国家环保局利用 LCA 方法对不同包装方案中所涉及的资源与环境影响所做的研究。

20 世纪 80 年代中期和 90 年代初是 LCA 研究的快速增长时期。这一时期，发达国家推行环境报告制度，要求对产品形成统一的环境影响评价方法和数据；一些环境影响评价技术，例如对温室效应和资源消耗等的环境影响定量评价方法也不断发展，这些为 LCA 方法学的发展和应用领域的拓展奠定了基础。虽然当时的研究仍局限于少数科学家当中，并主要分布在欧洲和北美地区，但是对 LCA 的研究已开始从实验室阶段转变到工程实践中。

20 世纪 90 年代初期以后，由于欧洲和北美环境毒理学和化学学会（SETAC）及欧洲生命周期评价开发促进会（SPOLD）的大力推动，LCA 方法在全球范围内得到较大规模的应用。国际标准化组织制定和发布了关于 LCA 的 ISO 14040 系列标准；其他一些国家（美国、荷兰、丹麦、法国等）的政府和有关国际机构，如联合国环境规划署（UNEP），也通过实施研究计划和举办培训班，研究和推广 LCA 的方法学；在亚洲，日本、韩国和印度均建立了本国的 LCA 学会。此阶段，各种具有用户友好界面的 LCA 软件和数据库纷纷推出，促进了 LCA 的全面应用。

可见，LCA 方法的发展是不断完善和改进的过程，其开放性和与时俱进性，确保了它能够深入并广泛服务于社会各界的多个行业领域。近年来，在工程建设这一重要领域内，LCA 方法得到极大的推广，有效助力了可持续发展目标的实现。随着环境问题的日益严重和人们环保意识的不断提高，LCA 方法的应用范围和重要性将会进一步扩大，值得注意的是，LCA 虽然在过程中一直按照现有的国际标准来执行，但任何先进的环境管理思想与促进 LCA 理论更加完善与详细的方法与技术，都会被接纳。针对不同的研究对象，选择合适的技术方法来进一步完善和优化 LCA 理论，可以帮助我们获得更好的研究结果。

2.3.2　生命周期评价（LCA）技术框架

LCA 实施技术框架由国际环境毒理学和化学学会（Society of Environment Toxicology and Chemistry，SETAC）提出并确立，该框架以三角形模型为基础，描述了四个相互关联的概念框架，即目标与范围的确定、清单分析、影响评价及改善分析，如图 2-4 所示。国际标准化组织（International Organization for Standardization，ISO）在此基础上，对 SETAC 的生命周期评价技术框架进行补充与完善，将改善分析更改为结果解释，提出结果解释是针对前三者相互关联阶段的进一步解释与说明，并明确指出 LCA 技术框架应当包含相互关联且双向进行的原因解释，如图 2-5 所示。

2.3.2.1　目标与范围定义

LCA 的第一步是明确定义评价的目标和范围。在这一部分，需要明确地包括评价的功能单元、系统边界、产品或服务的生命周期阶段、评估的环境影响类

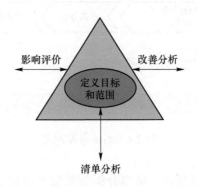

图 2-4　SETAC 生命周期评价技术框架

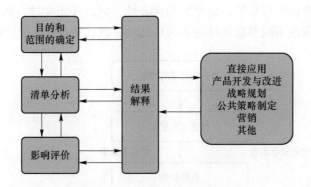

图 2-5　ISO 生命周期评价技术框架

别、影响的地理范围等。功能单元定义了评估产品或服务的功能和性能，是评价的基准单位。系统边界指明了评价范围，包括产品或服务的整个生命周期过程及与其相关的过程。生命周期阶段需要确定产品或服务的生命周期通常包括原材料获取、生产、运输、使用和处置等环节。选择系统边界时通常有"摇篮到大门"（cradle to gate）或"摇篮到坟墓"（cradle to grave）两种方式，前者适用于中间产品如电解铝、塑料，后者适用于终端产品如汽车、手机、家具等，如图 2-6 所示。另外，还需要确定评估的环境影响类别，包括能源消耗、温室气体排放、土壤污染、水资源消耗等。目标与范围定义的准确性和完整性对后续的生命周期评价结果具有决定性的影响。

2.3.2.2　清单分析

清单分析是将研究数据进行客观呈现和对比的重要方式，是对产品和服务进行生命周期评价的重要基础，它涉及数据的收集、建模、插值和标准化等工作。清单分析是对所评价的系统或产品进行梳理、分类、建模，以确保在生命周期评

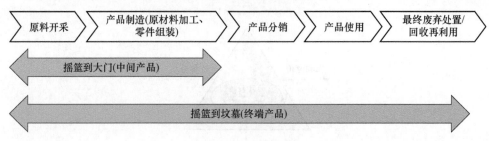

图 2-6　系统边界方式

价中能够对数据进行准确分析。清单分析的数据来源包括实验数据、文献数据、数据库数据等，其中实验数据是通过实际的实验测试获取的，文献数据是通过文献阅读获得的，数据库数据是从相关数据库中获取的。在建立生命周期库的过程中，需要考虑数据的可靠性、完整性和代表性，同时还需要进行数据插值和标准化，以确保数据在不同系统和环境下的可比性，其流程如图 2-7 所示。

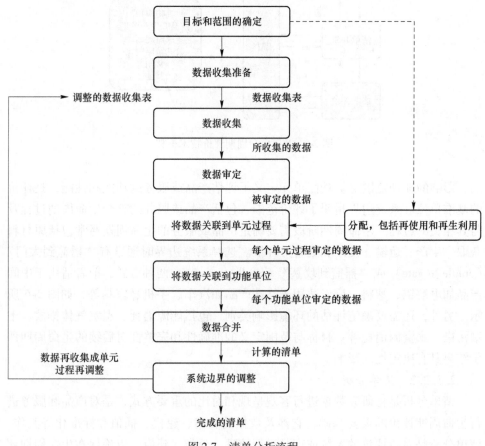

图 2-7　清单分析流程

2.3.2.3　生命周期影响评价

生命周期影响评价是 LCA 的第三步，该过程是指将清单数据与具体环境影响进行相互联系与分析的过程，以确定产品或服务在整个生命周期中对环境和资源的影响程度。在这一步骤中，首先需要对数据进行加权、归一化、分类和归因等处理，然后通过模型分析，计算出产品或活动对不同环境影响类别的影响。生命周期影响评价需要综合考虑不同环境影响类别的重要性，对产品或服务的整体环境性能进行综合评价。在生命周期影响评价中，还需要考虑不确定性和灵敏度分析，以评估结果的可靠性和稳定性。

2.3.2.4　结果解释与报告

生命周期评价的最后一步是结果解释与报告，即将评估结果进行汇总、解释和报告。报告应包括所评价的功能单元、目标与范围定义、清单分析、生命周期影响评价的相关信息，并对评估结果进行可视化和解释，提出结论和建议。报告的内容应清晰、准确、全面，便于决策者和利益相关者理解，帮助指导决策和行动。结果解释与报告是 LCA 的最终目的，通过传播评价结果，促进产品或服务的环境改善和可持续发展。

总体来说，生命周期评价方法的框架是一个完整的评价过程，从制定目标与范围、建立生命周期库、进行生命周期影响分析，到结果解释与报告，每一步都是必不可少的，相互关联，互为补充，形成了一个系统的分析框架。通过这一框架，可以全面评价产品或服务在整个生命周期中的环境和资源影响，提供科学依据，促进可持续发展。

当然，LCA 方法的发展也受到了一些挑战和限制，首先是数据的不确定性和可靠性，尽管需要大量的数据支持，但数据的获取和准确性常常面临困难；其次是边际效应的考虑，生命周期评价往往只能考虑到产品生命周期内的环境影响，而无法考虑到产品使用和废弃阶段的影响；最后是方法的复杂性和耗时，需要涉及多个学科领域和各种技术指标，执行起来需要耗费较多的时间和精力。为了克服这些挑战，LCA 方法的发展方向主要包括以下几个方面：首先是数据的标准化和数据可靠性的提高，建立可靠的数据库和模型可以有效提升准确性和可靠性；其次是方法的简化和标准化，开发简化的工具和流程可以降低 LCA 的执行成本和技术门槛，使更多的组织和个人能够使用这种方法；最后是跨学科合作和交流，LCA 方法需要涉及多个学科领域和专业知识，促进跨学科合作可以提升其综合性和全面性。

面对建筑废弃物管理这个全球性社会环境问题，LCA 技术为建筑废弃物管理提供了新的解决方案，企业能更好地了解建筑废弃物处理方式对环境的影响，从而采取更有效的措施来减少建筑废弃物的产生和对环境的负面影响。首先，建筑企业可以通过 LCA 技术对建造过程和建筑废弃物处理方式进行深入的系统分析，找出建筑废弃物产生的主要原因和环节，并采取相应措施减少建筑废弃物的产生，比如，建筑企业可以通过降低建造过程中建筑材料的损耗、优化施工工艺等方式减少建筑废弃物的产生量；其次，LCA 技术可以帮助建筑企业评估废弃物再利用的潜力和可行性，从而促进废弃物的再利用，通过废弃物的再利用，可以减少对原生资源的开采，降低生产成本，同时也减少对环境的污染，从而提升企业的社会责任感；最后，通过 LCA 技术的评估，建筑企业可以全面了解不同处理方式对环境的影响，并选择最适合的建筑废弃物处理方式。希望未来建筑行业能够更加重视 LCA 技术在建筑废弃物管理中的应用，共同推动建筑废弃物管理向更加环保、可持续的方向发展。

3 我国建筑废弃物量化

3.1 建筑废弃物量化技术研究进展

近年来，越来越多的研究人员意识到建筑废弃物量化工作的重要性。它不仅可以深入分析各个种类的建筑废弃物产生源头和分布情况，从而有针对性地制定废弃物管理和资源利用策略，优化资源配置，提高利用效率，而且还可以用于评估建筑废弃物管理政策的实施效果。通过对比政策实施前后的废弃物产生量和处理情况，可以直观地反映政策的实际成效，进而为政策的调整和完善提供有力的数据支持。因此，建筑废弃物量化工作是推动建筑业向低碳、环保、可持续方向发展的重要力量，对于实现经济社会与环境的和谐发展具有重要意义。

在总结国内外研究的基础上，学者将量化方法分为两大类：区域级量化方法和项目级量化方法。项目级指的是以某一个项目的施工现场为范围进行量化工作，而区域级是估计和量化某一块区域（比如成华区、成都市或中国）的建筑废弃物产生量。虽然项目级量化方法与区域级量化方法有联系，但二者还是存在本质上的不同，下面将进行详细阐述。

项目级量化方法可细分为现场调查法（Site Visit, SV）、产生率计算法（Generation Rate Calculation, GRC）、生命周期法（Lifetime Analysis, LA）、分类组合法（Classification System Accumulation, CSA）、变量建模法（Variables Modelling, VM）等量化方法。有的学者通过现场调查法，对施工现场堆放的建筑废弃物进行体积测量，再乘以对应的建筑废弃物密度，以此得出建筑废弃物的产量；有研究通过组织调研团队对 5 个建筑项目进行了为期 3 个月的建筑废弃物称量工作，并在称重之前对建筑废弃物进行分类，得到不同种类建筑废弃物产生率（GRC，kg/m^2）的典型值，并以此为基数计算整个项目的建筑废弃物产生总量；也有学者在施工现场记录运输建筑废弃物卡车的数量，并乘以卡车的体积，以此来估算出整个项目所产生的建筑废弃物；还有一些学者利用工作分解结构（Work Breakdown Structure, WBS）对建筑废弃物进行划分和分类，然后根据质量守恒定律，将建筑材料与包装材料、提取材料、形成目标建筑材料的差值作为每种材料的废弃值，最后通过累加法得到整个项目的建筑废弃物产生总量，以此实现对建筑废弃物产量的精细化计量。但部分学者认为通过这种方式得到的建筑废弃物产生量未考虑在施工现场重复利用以及回收利用的建筑废弃物，因此提出建筑废弃物应是建筑材料与杂项材料、提取材料、形成目标建筑的材料、剩余材料、回收利用材料的差值。同时借鉴工程估价中的分解组合计量思想对建筑废弃物进行分类，并以此计算出不同种类建筑废弃物产生量占材料设计量的百分比作为建筑废弃物产生率，再乘以不同材料的设计量，最终得到整个项目所产生的建筑废弃物总量；有的国外学者搭建了基于施工工序为最小量化单位的量化体系，并通过现场调研得出影响每个工序建筑废弃物产生量的因素有 5 类：工序特征、人力和设备、材料及存储、现场条件及气候、企业政策，并以这些因素作为影响建筑废弃物产生量的变量，构建量化模型。区域级量化方法同样可细分为：现场调研法、产生率计算法、生命周期法等量化方法。

建筑废弃物量化工作是对某个项目或某个区域内已产生的建筑废弃物进行计量或估算，而建筑废弃物预测工作是在已知建筑废弃物产量的基础上，通过科学的统计方法对项目或区域内将来产生的建筑废弃物进行推测。建筑废弃物的预测工作，一方面能够帮助项目经理更好地进行施工现场的资源管理，另一方面能够协助区域管理人员建造更有效的建筑废弃物处理设施。

在对施工现场建筑废弃物进行预测研究的初始阶段，常采用平均值法、指标值法、曲线拟合法及线性回归方法。例如有的学者采用现场人员经验值估算法，对 25 个新建项目进行问卷调查，得到混凝土、砌块、砂浆、瓷砖、钢筋、木模板的建筑废弃物产生率，并通过简单算术平均法计算出它们的平均值作为其他同类项目的预测值。有的学者采用两种方法分别对废弃混凝土的产生量进行预测：一是基于水泥产量法，认为水泥作为混凝土中的一部分有固定的占比，因此可通过时间序列法预测水泥的产量，进而求出混凝土的产量，再结合通过文献调研得到的混凝土废弃率，估算出中国未来 20 年的废弃混凝土产量；二是基于建筑面积法，运用灰色预测模型对未来 20 年建筑面积的产量进行预测，通过文献调研得到单方建筑面积的混凝土废弃物产量，以估算出中国未来废弃混凝土的产量。

随着人工智能愈发完善，机器学习技术逐步应用于建筑废弃物产量预测领域。有的学者对影响城市生活建筑废弃物的人口、经济及社会因素进行分析，通过获取加拿大 220 个样本点的数据，利用神经网络技术（Artificial Neural Networks，ANN）建立预测因子和城市生活建筑废弃物产量之间的映射关系，从而达到预测的效果。研究认为由于多元线性回归方法不能建立非线性映射关系的模型，因此在建筑废弃物产量预测精度方面低于神经网络技术。虽然 ANN 技术具有高拟合、非线性映射等特点，但这种算法在运行时易陷入局部极小值。Kumar 等通过调查问卷的方式得到影响塑料废弃物产生量的经济社会因素（家庭经济、教育、工作等方面），然后对样本家庭的塑料废弃物产生情况进行了为期一周的跟踪调查，最后通过支持向量机（Support Vector Machine，SVM）等机器学习手段对建筑废弃物产生量与影响因素建立非线性映射关系，并通过此模型进行预测分析。

3.2　建筑废弃物数量的影响因素

建筑废弃物的产生不仅消耗了大量资源，还对自然环境造成了严重压力。通过探讨影响建筑废弃物产生量的因素，我们可以更全面地了解建筑废弃物产生的根源和规律，这对于实现资源管理、环境保护、经济效益提升、法规政策制定、技术创新以及社会意识提升等多方面都具有重要作用，以下列举了 21 种影响建筑废弃物产生量的因素：

（1）建筑类型。建筑类型按使用的建筑材料划分，分为钢结构、钢筋混凝土结构、砖混结构和木结构等结构形式，不同的建筑类型对不同种类的建筑废弃物产生量有较大影响。

1）钢结构以钢材为主，利用焊接技术焊接钢材，主要用于建造大型艺术馆等建筑物，如图 3-1 所示。在建造钢结构建筑的过程中，需要大量的钢材，包括钢管、角钢、槽钢等，这些钢材在生产加工的过程中会产生一些废料，比如切割下来的钢材段。虽然钢结构建筑的主要承重结构是钢材，但在施工过程中，仍然需要用到混凝土来浇筑一些辅助结构，如基础、楼板等，因此，建造过程中也会产生废混凝土等废弃物，这些废料可以通过回收再利用，或者送往专门的回收站进行处理。我们可以根据建筑设计图纸、工程进度和材料清单等，预估钢结构建筑产生的废弃物种类和数量，然后可以在施工现场实地观察和记录废弃物的种类和数量，根据观察记录的数据，结合预估值，进行比例测算得出废弃物的近似数量。

图 3-1　钢结构建筑

2）钢筋混凝土结构是由钢材和混凝土共同组成的，其中钢材构成整体架构，而混凝土则以浇筑方式填充并固定这一架构。混凝土是由砂、土、石混胶材料制作而成的，具有较强的承重能力，但是其拉伸能力却很差，因此，混凝土配合钢筋能最大限度地发挥两者的优势，使建筑物更牢固，如图3-2所示。钢筋混凝土结构产生的建筑废弃物主要包括混凝土块、钢筋、碎砖、碎石、木板、废金属料等多种成分，具有体积大、重量重、成分复杂等特点。在建筑施工现场，应设置专门的废弃物分类收集设施，将不同类型的废弃物进行分类收集，以便于后续的处理和处置。目前针对钢筋混凝土结构建筑的建筑废弃物产生量测算，用得较多的方法主要包括单位面积法、体积估算法、重量估算法等，在实际应用中，应根据具体情况选择合适的方法进行测算。

图 3-2　钢筋混凝土结构建筑

3）砖混结构是利用砖、砂、石子等材料砌成墙体，以砖墙来承重，其中有小部分的钢筋混凝土来辅助完成的结构，这种结构的优点是价格较低，砂石和砖等原材料容易获取；缺点是砖砌墙体承重能力相对较差，如图3-3所示。砖混类建筑废弃物主要包括施工过程中散落的废弃混凝土块、废弃沥青混凝土块、砂浆、混凝土和碎砖渣，以及凿槽产生的砌体和混凝土碎块、金属、竹木、装修产生的废弃物、各种包装材料和其他废弃物。砖混结构建筑废弃物的测算方法与钢筋混凝土结构在基础数据依赖、总体思路等方面相似，但在单位面积废弃物量的具体数值、废弃物种类和组成等方面存在差异，在实际应用中，应根据具体情况选择合适的测算方法并进行必要的调整。

图 3-3 砖混结构建筑

4）木结构，顾名思义即以木材来承重所形成的结构，如图 3-4 所示。木结构的房屋大多出现在传统的建筑物中，具有较高的观赏性，其优点是容易加工。但随着国家对森林资源的保护，木材资源相对缺乏，并且不具有耐火性和腐蚀性，较少建筑会采取木结构的方式建造。

图 3-4 木结构建筑

（2）建筑面积。建筑面积指建筑外墙勒脚以上外围水平面测算的各楼层面积之和，包括使用面积、辅助面积和结构面积。对于建筑类型相同的建筑，由于其设计、结构、材料使用及施工方法等方面的相似性，每平方米建筑所产生的废弃物量（即单位面积产出比）是相对稳定的，因此，在相同类型的建筑中，建筑面积越大，产出的建筑废弃物总量越多。

（3）建筑高度。建筑高度指建筑的总体海拔高度，一般指从室外地坪至屋面面层之间的距离，建筑高度也是影响建筑废弃物产生量的因子。随着建筑高度的增加，施工过程的复杂性会提升，这包括更高要求的垂直运输、更复杂的结构支撑、更多的安全防护措施等，这些都可能增加建筑材料的消耗和废弃物的产生。同时，高层建筑的建设周期通常较长，这可能导致施工过程中的管理难度增加，包括材料存储、现场秩序维护等方面，这些都在一定程度上对废弃物的产生量造成影响。

（4）地基类别。地基是建筑基础下部的受力单位，建筑地基一般分为岩石、碎石土、砂土、粉土、黏性土和人工填土等。从影响建筑废弃物产生量的角度将地基分为天然地基和人工地基，采用人工地基会造成建筑废弃物的产生。天然地基（见图3-5）是指在自然状态下即可满足承担基础全部荷载要求，不需要人工处理的地基。而在地质状况不佳的条件下，如坡地、沙地或淤泥地质，或虽然土层质地较好，但上部荷载过大时，为使地基具有足够的承载能力，则要采用人工加固地基，即人工地基，如图3-6所示。

图3-5　天然地基

图 3-6 人工地基

（5）基坑支护。基坑支护是对基坑侧立面和周围环境采用的加固、支挡和防护措施。一般采用地下连续墙、桩锚、土钉墙、内支撑等支护类型，基坑支护方式的不同影响建筑材料的耗量，图 3-7 和图 3-8 展示了两种不同的支护类型。

图 3-7 土钉墙支护

图 3-8　钢板桩围护墙

（6）支撑类别。支撑类别一般分为扣件式（见图 3-9）和工具式（见图 3-10）。不同的支撑类别会对建筑废弃物种类和产量产生影响。

图 3-9　扣件式支撑

图 3-10　工具式支撑

　　（7）模板类别。前文模板工程指现浇混凝土成型的模板以及一整套支撑模板的构造体系。考虑到前文对建筑废弃物的分类情况，将模板分为木模板（见图 3-11）、金属模板（见图 3-12）和塑料模板（见图 3-13）三种类别。

图 3-11　木模板

图 3-12　金属模板

图 3-13　塑料模板

（8）基础类别。基础指建筑物地面以下基础以上的承重结构。建筑基础的分类有多种，按受力特点一般分为刚性基础和非刚性基础；按基础的构造形式分为桩基、条形基础、独立基础、片筏基础、箱形基础等。图 3-14 和图 3-15 展示了两种不同类型的基础。

图 3-14　条形基础

图 3-15　独立基础

（9）用钢量。指每平方米的施工范围所需的钢材数量。

（10）混凝土用量。指完成工程项目所需混凝土总量。

（11）结构类型。建筑结构一般指建筑的承重部分和围护部分。目前主要的分类方式为：框架结构、剪力墙结构、框架剪力墙结构、框架筒体结构和筒体结构，不同的结构形式对建筑废弃物产生量的影响重大。

（12）层高。层高一般指上下两层楼地面结构标高之间的距离。不同建筑的层高是不同的，不同的层高会对建筑废弃物产生量造成差异。

（13）装配率。装配率一般指建筑中预制构件、建筑产品的数量（或面积）占同类构件或部品总数量（或面积）的比率。建设工程的装配率不同，会对建筑废弃物产生量产生重大影响。

（14）木方量。木方指将木材加工成具有一定规格的方形条木，一般用于装修及门窗材料、结构施工中的模板支撑及屋架用材。木方量是每平方米模板使用木方的立方量。木方量不同，对建筑废弃物产量具有较大的影响。

（15）临时设施。临时设施是保证施工和管理正常运行而临时搭建的各类建筑物、构筑物和其他设施，如临时道路、施工材料加工棚。这些临时设施一般会在施工完成后拆除，这些临时设施的拆除会对建筑废弃物产生量产生重要的影响。

（16）外立面材料。外立面指建筑物与外部空间直接接触的交互界面，一般包括除屋顶外的所有外围的围护部分。一般外立面的使用材料分为：石材、玻璃幕墙和涂料等，因此，外立面的不同会对建筑废弃物产生量造成较大影响。

（17）精装修比例。精装修指建筑功能空间的装修和设备设施安装达到建筑使用功能和性能的要求，不同的装修标准会直接影响到装修阶段的建筑废弃物产生量。装修标准一般用精装修比率来表示，即精装修面积占总建筑面积的比例。

（18）工期。即开工日期到竣工日期的持续时长，工期的长短直接影响着建筑废弃物产生量的多少。

（19）现场管理。水平优秀的管理团队能够有效地降低施工现场建筑废弃物的产生数量，因此，现场管理水平的好坏也是影响建筑废弃物产生量的重要因素。

（20）劳务人员。素质技术娴熟的劳务人员能够有效提高建筑材料的投放效率，从而减少建筑废弃物的产生。同时，劳务人员的素质也在一定程度上影响工程质量的好坏，达不到质量要求的工程会在返工的过程中造成材料的浪费，从而影响建筑废弃物的产量。

（21）施工环境。施工环境指处于不同区域的施工项目会受到该区域法律、政策、气候条件等的影响，这些因素都会对建筑废弃物数量产生一定程度的影响。

通过上述对建筑废弃物产生量的影响因素分析，将它们归为以下四大类：

（1）建筑基本参数特征：建筑面积、建筑高度、层高、装配率、工期、精装修比例；

（2）建筑结构相关特征：基坑支护、地基类别、支撑类别、基础类别、结构类型；

（3）建筑材料相关特征：建筑类型、模板类别、用钢量、混凝土用量、木方量、外立面材料；

（4）建筑管理相关特征：现场管理水平、临时设施、劳务人员素质、施工环境。

3.3 建筑废弃物的量化方法

通过对国内外建筑废弃物量化文献进行检索总结，归纳了五类施工现场建筑废弃物量化方法，分别是：直接测量法、面积指标法、定额损耗法、分类组合法、材料跟踪法。

直接测量法主要分为三种：直接称重法、体积测量法、卡车计量法。直接称重法是采用称重设备直接对施工现场所产生的建筑废弃物进行计量的一种方式。有关学者组织调研团队于 2009 年在深圳对 5 个建筑项目进行了为期 3 个月的建筑废弃物称量工作，并在称重之前对建筑废弃物进行分类，得到不同种类建筑废弃物产生率（kg/m^2）的典型值，并以此为基数计算整个项目的建筑废弃物产生总量。体积测量法是将施工现场产生的建筑废弃物进行分类堆放后，对堆放物的体积进行测量，并乘以相应的材料密度，得到建筑废弃物的产量。对于形似圆锥的固废堆放物，用圆锥体积进行计算；对于形似长方体的建筑废弃堆放物，用长方体的体积进行计算；对于零散的建筑废弃物，则先按照大小的相似程度分类，再从各类中随机抽取三个样本进行测量，取其平均值，作为这一类的标准值，用其乘以总数获得此类建筑废弃物的总量。卡车计量法计算进出场的建筑废弃物运输车辆的容积及数量，通过两者的乘积得知建筑废弃物总量，例如，建筑废弃物运输车可以容纳的平均建筑废弃物体积为 120 m^3，若某一天中共有 10 辆进出场的运输车，则当日产生的建筑废弃物为 1200 m^3。在直接测量法中，直接称重法的施工现场建筑废弃物量化精度最高，但对于研究者来讲，采用此方法需要长时间跟踪计量和大量人力的支撑，体积测量法和卡车计量法虽然在这方面的顾虑较少，但其获取建筑废弃物产量数据的精度较直接称重法低。

面积指标法可分为人均乘数法和基于统计数据的单位产量法。人均乘数法对某个区域在某个特定时间段内垃圾处理场的处理记录进行统计，计算出该区域在该时间段的建筑废弃物填埋总量；根据当地相关统计资料，获得区域内人口总数，从而计算得到在此特定时间段内的人均建筑废弃物产量；结合该区域内的人口变化趋势，计算该区域的建筑废弃物产量。基于统计数据的单位产量法，是通过对政府报告、行业报告、学术文献的调研获取施工现场建筑废弃物的单位产量（kg/m^2）乘以工程项目的建筑面积（m^2），得到建筑废弃物的总量（kg）。人均乘数法是区域性的建筑废弃物量化方法，比如计算某城市的建筑废弃物产量时，需要乘以该城市人口数量。不过，对于区域面积较小的施工现场来说，难以确定该区域的人口数量，导致这种方法难以适用于施工现场。而基于统计数据的单位产量法的前提是要获取建筑废弃物单位产量（kg/m^2），但目前国内无权威机构对此数据进行统计。因此，面积指标法的使用不符合目前国内施工现场建筑废弃物管理现状。

定额损耗法以工程材料的总购买量为研究对象，按其在建筑项目中的用途进行分析，并基于以下假设：建筑工程项目购买的建筑材料（M）并非都构成建筑物实体，一些建材在建设阶段不可避免地被废弃掉，成为建筑废弃物（CW），剩余的材料构成建筑物实体，这部分材料在建筑物到达其建筑寿命终点，进行拆除时全部转化为拆除垃圾（DW），即

$$DW = M - CW$$

拆除阶段的建筑废弃物产量要根据各种材料的寿命周期来进行估算。比如2020年的拆除建筑废弃物要用1990年的寿命期为30年的材料来进行估算。

$$CW_{(2020)} = M_{(2020)} \times W_C$$
$$DW_{(2020)} = M_{(1990)} - CW_{(1990)}$$

其中，W_C代表建材在定额中的损耗率。虽然可以通过查阅施工定额快捷地获取各种材料的损耗率并以此作为施工现场建筑废弃物产生率，但已有研究发现，建筑废弃物产生率与定额损耗率之间仍有数量上的差距，因此用此种方法计算出的建筑废弃物产生量会存在精度低的问题。

分类组合法依据工程造价中分解组合的方式将建设工程划分为五个层级：建设项目、单项工程、单位工程、分部工程和分项工程，在建立建筑废弃物分类系统的基础上，将分项工程作为最小量化单位，通过累加法得到上一层级建筑废弃物的产生量，最终得到整个建筑工程项目的建筑废弃物产量。这种方法从层级划分的角度保证了整个建筑工程项目的建筑废弃物计量的准确性。同时，建筑工程项目管理人员能够通过不同层级的建筑废弃物产量的数据，制定总体上或某一单项工程的建筑废弃物管理措施，有利于对施工现场建筑废弃物进行精细化管理。不过，该方法仍然需要面积指标法或定额损耗法的配合才能计算分项工程的建筑

废弃物数量，对量化方法本身并没有突破。

材料跟踪法的理论基础是物质守恒定律，认为建筑材料从输入端进入施工现场，会转化为四个部分：结构组成部分、剩余材料、重新利用到本项目的材料、离开施工现场的部分（即建筑废弃物）。因此，建筑材料数量减去结构部分、剩余材料、再生材料的数量即建筑废弃物产生量。涂警钟利用该方法，并结合分类组合法，计算不同种类施工现场建筑废弃物的产生率，他在走访新建建筑施工现场后，以材料采购量衡量建筑材料的数量，以施工图纸中的设计量代替结构组成部分的数量，剩余材料数量通过施工现场记录日志获取，回收利用量以建筑工程项目管理人员的经验估算取得，并最终算取施工现场建筑废弃物的产生率。然而，由于国内施工现场建筑废弃物管理水平仍比较低，建筑材料跟踪法中的一些数据难以获取，比如材料剩余量的记录经常出现缺失的情况，材料的回收利用量的确定往往来自项目人员的经验分析。因此，由于记录缺失及主观性强等原因，材料跟踪法同样会导致施工现场建筑废弃物产量的计算结果难以达到理想的效果。

大多数量化方法都需要直接测量法的参与，比如面积指标法需要以获取单位建筑废弃物产量（kg/m^2）为前提，而单位建筑废弃物产量又需要直接测量法来参与计算。除此之外，材料跟踪法因其考虑的数据量较多，且在施工现场难以获取，会在建筑废弃物量化的过程中产生较大的误差。因此，采用直接测量法不仅能够减少建筑废弃物的量化误差，同时也能为其他量化方法提供基础数据支撑。

除了以上理论分析，通过施工现场的实际走访发现，在建筑废弃物离开施工现场前，利用直接称重法对分类后的建筑废弃物进行称重并记录其数量，也是切实可行的，即直接测量法。

直接测量法包括三种方法：直接称重法、体积测量法、卡车计量法。考虑到直接称重法计量精度高及实际可操作性，本书将详细介绍该方法，以下所称的直接测量法即为直接称重法，如图3-16所示。结合施工现场的复杂程度及前文对建筑废弃物的分类情况，对优化后的直接测量法采用以下量化步骤：

第一步划分施工，可得到不同施工时间段内建筑废弃物的产量，有利于施工现场建筑废弃物精益化管理。但由于新建项目的施工周期长，研究人员无法在课题研究期限内对一个项目施工全过程进行跟踪量化研究。考虑到主体结构阶段产生的建筑废弃物数量最大，本书仅对建筑工程主体施工阶段进行量化研究。

第二步收集，在对施工现场建筑废弃物进行分类之前，需要对施工现场产生的零散建筑废弃物进行收集，收集建筑废弃物工作应委托专人负责，以免权责不清导致建筑废弃物收集工作无法进行。同时，在施工现场应采用合适的垂直运输设备和水平运输设备对施工现场产生的建筑废弃物进行统一收集，防止对建筑废弃物进行二次损坏后无法再次利用。

第三步分拣，建筑废弃物运输到指定堆放地点后，对建筑废弃物进行分拣工作，设置专职分类人员，按照上文确定的分类体系，对无机非金属类、有机类、金属类、复合类、危废进行分拣。对易分拣的大块物料采用机械分类，对不易分拣的小块物料采用人工分类，分类后堆放至指定分类池，并采用防护措施对建筑废弃物进行保护，以防止对可利用建筑废弃物进行二次损坏。

第四步称量，以月为基本周期对堆放在相应地点的五类建筑废弃物进行称重，得到每种建筑废弃物的产生量，重量较大的宜进行过磅，重量较小的宜采用电子秤进行称重，以保证量化的准确性。

第五步计算，施工现场建筑废弃物产生率有多种表示方法，如百分比法（%）、单方产量法（kg/m^2）等。本书采用单方产量法对建筑废弃物产生率进行量化表示，即每平方米建筑面积所产生的建筑废弃物重量（kg/m^2）。

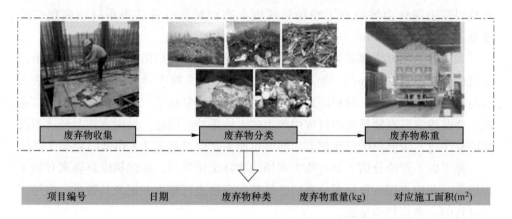

图 3-16　直接测量法图示

3.4　建筑废弃物排放量数据的统计分析

为了方便对全国范围内的在施工程进行建筑废弃物量化工作，根据建筑废弃物产生量的影响因素及直接测量法，制定相应的建筑废弃物产量统计表，以保证施工现场建筑废弃物量化工作的规范性、数据获取的准确性及可比性。考虑到施工现场工人会对不同种类建筑废弃物的具体组成成分的理解存在一定的偏差，进而在建筑废弃物分拣过程中出现差错，影响后续工作的进行，相关研究通过现场调研及对现场技术人员的采访，得到施工现场不同种建筑废弃物的具体组成成分如表3-1所示，便于现场工作人员进行建筑废弃物分拣工作，从而保证数据收集的准确性。

表 3-1 不同种类施工现场建筑废弃物组成成分

废物类别	组 成 成 分
金属类	钢筋头、废铜管、废钢管（焊接、SC、无缝）、废弃铁丝、废角钢、废型钢、金属支架、废锯片、废钻头、焊条头、废钉子、破损围挡、灭火器件等
无机非金属类	混凝土、砖石、砂浆、腻子、砌块、碎砖、水泥等
有机类	模板、木方、塑料包装、涂料、玻化微珠、保温板、废毛刷、安全网、防尘网、塑料薄膜、废毛毡、废消防箱、废消防水带、编织袋、废胶带、防水卷材、木制包装、纸质包装、竹走道板等
复合类	轻质金属夹芯板、石膏板等
危废	岩棉、石棉、玻璃胶等

在对施工现场建筑废弃物统计量表进行收集时，量表中会存在数据未填写的情况，即为缺失值。缺失值存在的原因包括两种：一是手动填写失误导致漏填等的人为原因；二是存储数据的设备出现故障等的机械原因。通常处理缺失值的方法包括三种：（1）将统计量表返回到填写人手中重新填写；（2）通过计算该影响因素的均值，并用均值代表缺失值；（3）将该缺失值作为预测值，通过相关预测方法进行补充填写。研究常采用第二种方法，利用均值进行缺失值的补充。

异常值是数据集中存在的不合理的值，又被称为离群点，如图 3-17 所示。其中，上四分位设为 U，表示所有样本数据中只有 1/4 的数值大于 U；同理，下四分位设为 L，表示的是所有样本数据中只有 1/4 的数值小于 L；设上四分位与

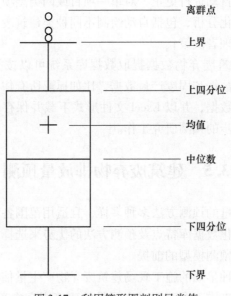

图 3-17 利用箱形图判别异常值

下四分位的差值为 IQR，即 $IQR = U - L$，那么，上界为 $U + 1.5 \times IQR$，下界为 $L - 1.5 \times IQR$，处于上、下界之外的点为异常值。箱形图选取异常值比较客观，在识别异常值上具有一定的优越性。在识别出样本集的异常值之后，将异常值视为缺失值进行处理，如图 3-17 所示。

对收集到的建筑废弃物产生量数据进行预处理之后，计算每个采样的建筑工程项目不同种类建筑废弃物的产生率。

由于施工现场建筑废弃物量化方式涉及的数据量较大，数据采集不仅类型复杂，而且周期较长、频次较高。如果采用手动收集的方法，将极大增加数据管理的工作量，也会提高数据填报错误、数据流失的风险。因此，现在的研究大多会建立施工现场建筑废弃物量化数据库，进行施工现场建筑废弃物数据的收集、处理、存储及传递的工作。这样，既保证了后续预测研究所需样本数量和质量，又加强了施工现场建筑废弃物数据在项目参与方之间的共享，有利于促进施工现场建筑废弃物信息化管控。

结合施工现场建筑废弃物量化体系分析及施工现场建筑废弃物管理实际情况，施工现场建筑废弃物量化数据库需要解决以下三个方面的问题：

（1）施工现场建筑废弃物数据采集在施工中的人员通过直接测量法对施工过程中产生的建筑废弃物产生量进行统计，并将建筑工程项目的基本信息和收集到的不同种类施工现场建筑废弃物数据通过数据库进行填报，实现企业内部及相关部门在施工现场建筑废弃物产量数据方面的信息共享；

（2）施工现场建筑废弃物数据分析量化数据库通过算法对数据填报人员填写的异常值及缺失值自动进行更正，对单一项目或同类型项目的施工现场建筑废弃物产生量进行可视化分析，包括自动绘制不同种类建筑废弃物产生量的饼状图与柱状图，并辅助管理者决策；

（3）施工现场建筑废弃物数据提取数据库系统可以按类别批量抓取已收集在施工程的项目信息数据和固废产量数据，比如抓取所有住宅类项目中无机非金属类建筑废弃物产量数据，并以 Excel 文件形式下载并保存，方便用户对施工现场建筑废弃物做进一步的预测研究工作。

3.5　建筑废弃物排放量预测

建筑废弃物排放量的预测方法多种多样，且适用范围各不相同。如何根据施工现场建筑废弃物量化数据库特点及预测方法的优势来选择合适的预测方法是构建建筑废弃物产生量预测模型的前提。

算术平均法是一种早期的施工现场建筑废弃物产生量估算方法，该方法计算过程较为简便，一般来讲，在获取 n 个项目的建筑废弃物产生量（x）之后，通

过计算这 n 个项目的建筑废弃物产量平均值，作为这一类工程项目建筑废弃物产生量的总体平均值。这种方法虽然计算简单，但忽视了项目之间的特殊性，往往会造成某具体建筑工程项目建筑废弃物产生量预测值与实际值的误差较大的现象。例如，采用装配式构件的居住建筑与未采用装配式构件的居住建筑的建筑废弃物产生量差异是巨大的，并不能用平均值来代替居住建筑废弃物的产生量水平。

线性回归法在各专业领域是一种常用的数据分析方法。该方法中，因变量和自变量之间存在两种关系：确定性关系和非确定性关系。回归分析描述的是变量间的非确定性关系，根据变量之间的关系，回归分析通常分为线性回归分析和非线性回归分析。线性回归分析分为一元线性回归和多元线性回归，一元线性回归解决的是一个因变量与一个自变量之间的因果关系，而多元线性回归分析的是一个或多个因变量与两个以上自变量之间的因果关系。在许多实际问题中，往往存在许多个影响因素之间的相互作用，因此，多元线性回归分析在解决实际问题中应用广泛。

S 形曲线是一个以横坐标表示时间，纵坐标表示累计工作量完成情况的时间—累计废弃物产生图。该图工作量的表达方式可以是实物工程量、工时消耗或费用支出额，也可用相应的百分比表示。由于该曲线形如"S"，故而得名 S 形曲线。首先，跟踪整个项目在施工阶段每个时间点（每天）产生的废弃物数量，在记录多个项目的数据后，通过计算机技术拟合出一条废弃物总量随施工进度变化的曲线，如图 3-18 所示。即在项目开始阶段，废弃物实际产生量比计划生产量多，多出来的部分为 ΔQ；进入项目施工中期，废弃物产生量比计划增长量低，当实际废弃物产生量与计划产生量相同时，多花的时间为 ΔT；接近中后期时，

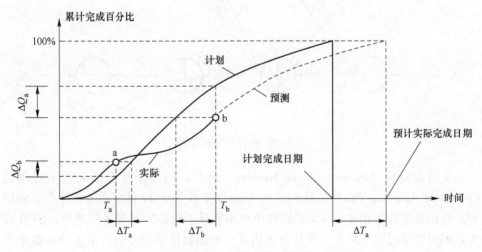

图 3-18　S 形曲线法示意图

可以利用前面的数据进行废弃物产生的预测。虽然这种方法的预测精度较高，但它需要在获取整个项目施工阶段每个时间点所产生的废弃物数量，才能进行曲线拟合，达到预测的效果。

人工神经网络的经典定义由 Kohonen 提出，他认为"神经网络是由具有适应性的简单单元组成的广泛并行互联网络，它的组织能够模拟生物神经系统对真实世界物体所做出的交互反应"。神经网络作为机器学习中的一种方法，广泛应用于各个领域，尤其在预测方面，采用反向传播学习算法的前馈型神经网络（Back Propagation Neural Network，BPNN）能够在选择合适的隐含层数即隐含单元数的情况下，任意逼近一个非线性函数。典型的 BPNN 结构模型如图 3-19 所示。首先，选取合适的输入指标 x_1，x_2，x_3，$\cdots$，x_n，对应输入层单元个数，输入参数通过输入层与隐含层之间的连接权值 w_{ij} 进行加权累加；其次，隐含层通过激活函数 f_h 对各隐含单元的隐含值进行处理，再通过隐含层与输出层之间的连接权值 w_{jk} 的加权相加得到输出层各单元值，经过激活函数 f_g 的处理之后得到预测值 y_1，y_2，y_3，$\cdots$，y_n；最后，通过损失函数计算预测值与实际值 T_1，T_2，T_3，$\cdots$，T_n 之间的误差，依据误差大小反向对权值 w_{jk}、w_{ij} 依次进行调整，并通过训练样本重新对预测模型进行训练，逐步优化连接权值，直至达到理想的误差范围之内。

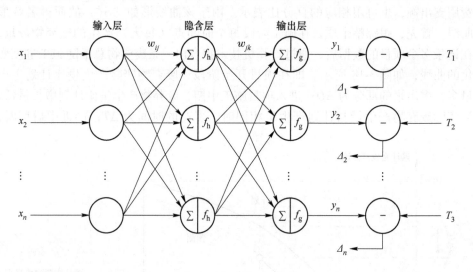

图 3-19　神经网络拓扑图

支持向量机（Support Vector Machine，SVM）的理论基础是统计学习理论（Statistical Learning Theory，SLT），由 Vapnik V N 等于 20 世纪六七十年代开始研究。与传统统计学相比，SLT 是研究小样本容量下机器学习规律的理论，SVM 成为新的机器学习研究热点。支持向量机是一种监督性学习方法，用来分析数据并识别数据间的运行模式，既可用作分类分析也可用作回归分析。例如，对于一个二维空间问题，支持向量机是通过寻找一条直线来对样本进行划分；对于一个三维空间问题，它是通过寻找一个平面来对样本进行划分。支持向量机的核心问题是找出最优分类超平面，使得不同样本之间的间隔最大化，并最终转化为一个凸二次规划问题来进行求解。从理论上说，它将得到全局最优解，解决了神经网络中局部极小值的问题。支持向量机能够将实际问题中非线性映射关系转化到高维的特征空间，在高维空间中找到线性决策函数来解决原空间中非线性关系的问题，并且该算法不会因样本维数增多而变复杂。由于支持向量机实现的是结构风险最小化，所以它能在训练样本数据的逼近精度和损失函数的复杂性之间寻求折中点，以期达到更好的泛化能力。有研究利用支持向量机解决施工现场建筑废弃物产生量预测，其原理便是寻找一个超平面来对样本进行分割与区分。

4 建筑废弃物减量化与行为认知

4.1 概　述

随着环境问题的日益严重，建筑废弃物的产生量持续增加，学者们针对建筑废弃物的管理提出了"3R"理论，即减量化（Reduce）、重复利用（Reuse）、回收再利用（Recycle）。但随着回收利用能源技术的不断发展，传统的"3R"已经不能满足现状。如图 4-1 所示，学者们继而对建筑废弃物的管理提出了"4R"理论，即减量化（Reduce）、重复利用（Reuse）、回收再利用（Recycle）和能源回收利用（Replace）。按照"4R"理论来看，建筑废弃物管理的主要流程主要包括以下几项：

源头减量化：在建设工程项目前期的规划设计阶段就提出减少或避免建筑废弃物产生的策略。对建筑废弃物进行源头减量化的管理能够最有效地降低成本，对环境的负面影响也较小。在这一阶段通常提出建筑废弃物管理计划、对员工进行减量化培训、合理选择建筑材料及装配式建筑等方案。

再生利用资源化：在建筑废弃物不可避免地产生后，需要对施工现场产生的建筑废弃物进行分拣，分类处理，实现循环再利用。在这一阶段常采用模板的重

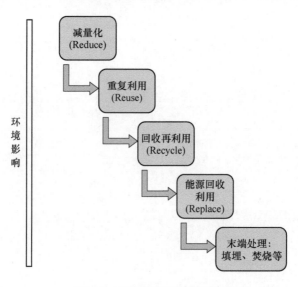

图 4-1　建筑废弃物管理流程

复使用、砌块、混凝土的资源化再生利用等手段。

无害化处理：通过改变或减少建筑废弃物中的有害成分，以期最大化减少对环境的污染和破坏。

末端处理：经过上述环节后，若还存在建筑废弃物，则对其进行填埋、焚烧等末端处理，这是建筑废弃物处理的最终选择和手段之一。

在上述"4R"理论中，减量化被置于最高地位，这是因为它能从源头减少建筑废弃物的产生，同时能够减少建筑废弃物管理的成本，对环境的负面影响也较小。因此，在建筑废弃物管理的整个过程中，减量化的地位和重要性不言而喻。通常，建筑废弃物减量化是指在建设工程项目实施的全过程中，尽可能采取一切可行的技术手段和管理措施，减少或避免废弃物的产生。随着生命周期评价（Life Cycle Assessment）逐渐被各个国家作为评价产品或系统从一开始的原材料的生产和提取到最终进行废弃物处置的辅助手段，减量化管理在建筑废弃物的相关研究中也延伸为对建筑废弃物产生的源头进行相关控制和管理。

根据第 2 章的理论阐述，将建筑废弃物减量化管理和生命周期评价（LCA）理论结合起来，可以极大程度促进建筑行业的可持续发展和资源利用效率。LCA框架有利于帮助评估建筑废弃物的产生过程，包括从原材料的获取、建筑过程中的废料产生，到建筑物使用阶段的资源消耗和维护，直至最终的拆除和处理阶段。通过分析建筑废弃物产生的全生命周期，人们能快速识别出在哪些阶段可以减少废弃物的产生。基于 LCA 的分析结果，相关管理者能够制定更有效的废弃物管理策略。例如，在设计阶段，通过优化设计和选择可再生材料，减少施工阶段建筑废弃物的产生；施工阶段，激励施工现场工作人员提高建筑废弃物可回收率，达到减少建筑废弃物处理量的目的；或者通过引入循环经济理念，来促进建筑废弃物的再生利用等。同时，LCA 不仅考虑建筑废弃物管理本身对环境的影响，还能够评估建筑材料、施工工艺和施工方案的选择对建筑工程项目全生命周期的环境影响。因此，LCA 框架在建筑废弃物管理的应用能优化建筑工程项目的整体环境表现，例如减少温室气体排放和资源消耗等。另外，结合 LCA 进行建筑废弃物管理也有助于建筑行业遵守相关的法律法规和社会责任要求，提升社会形象。综上所述，利用 LCA 理论框架进行建筑废弃物管理，需要深入分析每个阶段各个参与者资源优化利用和环境保护的行为和认知，以促进经济和社会层面长远的可持续发展。建筑废弃物管理生命周期模型如图 4-2 所示。

人的行为产生是一个看似简单实则复杂的过程。不同因素之间相互的作用关系会对影响主体做出某个特定行为。相关研究领域的学者多年来围绕影响行为产生的因素、如何更准确地预测行为等问题展开探索。要对建筑废弃物减量化这一行为展开研究，必须分析其受到哪些因素的影响并探究这些影响因素之间的关系。Schwartz 在 1977 年提出了规范激活模型（Norm Activation Model，NAM），该

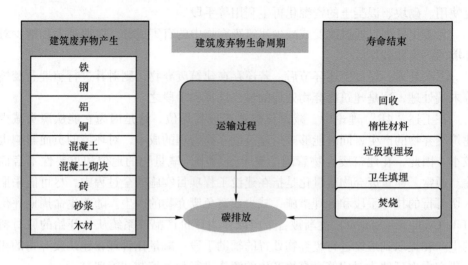

图4-2　建筑废弃物管理生命周期模型

模型之后被逐渐应用于利他行为（altruistic behavior）中，NAM 包括三种预测亲社会行为的变量：第一种是个人准则，指个体感觉执行或避免采取特定行动的道德义务感知；第二种是对结果的认知，表示个体在不采取亲社会行动的情况下是否意识到对他人或其他事物的负面影响；第三种是责任归因，它被描述为对个体不采取亲社会行为所产生的负面后果的责任感。其中，个人准则是该模型的核心，应用于规范激活模型中来预测个体行为，对结果的认知和责任归因这两个因素对个人准则的激活起到了决定作用。换言之，个人看待行为结果及其社会影响的责任归属的方式，将进一步影响他们的行为准则的激活过程。

　　一些学者认为结果认知是责任归因的先决条件，责任归因又是个人准则的先决条件，如图 4-3 所示的连续型规范激活理论模型。而另一些学者则认为个人准则对亲社会行为的影响是由结果认知和责任归因共同调节的，如图 4-4 所示的非连续型规范激活理论模型。这些研究人员认为，在充分了解不采取亲社会行为后果的人和对这种行为的后果负有高度责任的人中，个人准则与亲社会行为意向之间的关系尤其牢固。相反，当结果认知和责任归因意识较薄弱时，个人准则不太可能影响行为。这是由于人们会否认其具有相应的责任，从而抵消了他们应该尽到的义务。根据 DeGroot 的研究结果，对 NAM 最好的解释为调解模型，即对结果的认知和亲社会意向之间的关系（部分）由个人准则作为中介，责任归因作为结果认知和个人准则的中介，是如图 4-3 所示的连续型。

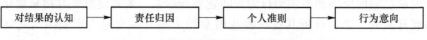

图4-3　规范激活理论模型（连续型）

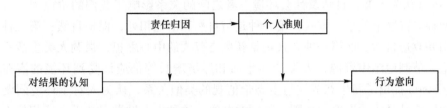

图 4-4　规范激活理论模型（非连续型）

随着相关行为认知领域的学者研究的深入，规范激活理论原始模型的扩展形式被提出。Cordano 和 Welcomer 等对美国和智利的商科学生进行了调查，来比较理性行为理论、规范激活理论和价值—信念—规范三种环保行为理论，结果表明每种理论都能有效地解释行为意向这一个变量。Christian A 探讨行为认知模式选择时，以规范激活理论作为基础，深入研究习惯在此模型中对人们做旅行决定所产生的影响，并在此后再次以规范激活理论的个人准则为基础，讨论人们在日常生活中买有机牛奶的行为意识。Zhang Y X 根据规范激活理论模型中的变量提出6 个假设，通过问卷调查统计分析验证了员工省电行为的影响因素，由此提出建议：首先，员工应该建立一个电量节省目标，管理者应该意识到员工对省电的重要作用，同时也应在减少电量消耗和能源节约上做更多努力；其次，政府应该发起活动来宣扬能源节约的道德义务以及能源消耗的不良后果；最后，组织应建立良好的组织环境来支持能源节约，如建立省电目标等。Han H 关注亲环境会议行为决策和公众参与之间的关系，与 Zhang 的研究方法一致，通过丰富完善原始模型，在模型中加入行为态度、主观规范以及自我情绪意识，提出 10 个假设并进行验证。Marleen C O 则在规范激活理论的基础之上引入了自我意识情绪（预期的自豪情绪与预期内情绪的作用），最终研究发现，自我意识情绪不是直接影响行为的，而是通过影响个人准则进而影响行为意向，同时研究也发现自豪和内疚的情绪对于行为意识和行为均有着强烈的影响作用。而在国内，Liu Y W 通过规范激活理论预测在中国个体减少汽车使用的意向，结果表明结果认知和责任归因对个人准则有显著的正向影响，进而对减少汽车运输的意愿有显著的正向影响。李杨在消费者对环保型产品购买意愿的研究上引入规范激活理论，主要研究外部环保型产品的营销信息、感知价值和亲环境个人准则以及他人在场情景对环保型产品购买的作用。未晨迪在对环保行为的实际应用研究中也采纳了规范激活模型作为理论依据。综上，规范激活理论多用于利他行为中，如省电行为、减少道路噪声污染行为、环保产品购买行为等。此外，众多研究均证明了个人规范在其中的核心作用，对以后的研究起了重要的指导作用。

人类社会与自然环境是依存的关系。Cartton 和 Dunlap 基于这种依存关系提出了新的环境社会学研究范式——新生态范式（New Ecological Paradigm）。

Schwartz 认为人类、自然及社会环境三者之间的关系影响了我们的价值观。人们有两种对待这个关系的方式：第一种是与自然和谐地相处，保护自然；第二种是利用并改造自然。而第一种方式正是新生态范式的中心思想，强调人类生活不应该毫无节制地滥用资源，人类社会生活和经济增长等都应该受到环境的潜在限制。Sterm 提出了新生态范式与生态价值观的类似关系，认为人对于环境问题的认知影响其具体的态度、准则、行为意向等，这种生态世界观基于个体相信人类破坏了自然的平衡，自然资源是有限的以及人类不应该毫无节制地滥用资源、破坏环境。如果一个行为符合个体的生态世界观，其就更有可能采取这种行为。

这些理论和方法为建筑废弃物减量化管理提供了行为认知分析研究的框架和工具，帮助设计师、工程师和施工现场人员等建筑废弃物管理参与者们在整个建筑生命周期内最大限度地减少废弃物的产生，并促进资源的循环利用和可持续发展。

4.2   设计阶段减量化的行为和认知管理

许多研究表明，建筑废弃物减量化还需要关注设计阶段，设计阶段是减量化管理的重要阶段之一，施工现场 33% 的建筑废弃物是由于设计不当而产生的。设计阶段建筑废弃物减量化管理是指在建筑项目的规划和设计过程中，通过一系列策略和方法，减少未来施工过程中可能产生的建筑废弃物。这不仅有助于环保，还能带来经济和社会效益。因此，为了有效地实现减量化管理，减量化设计显得尤为重要。同时，设计人员在设计阶段对建筑废弃物的减量化管理有着非常重要的作用和影响。因此，对设计阶段的建筑废弃物减量化行为进行研究，确定建筑废弃物减量化行为的关键影响因素，并探讨各个影响因素之间的关系及相互作用尤为重要。

4.2.1   建筑废弃物减量化的影响因素

作为建设工程项目中最重要的角色之一，设计人员的工作职责主要包括方案设计、技术设计以及施工图设计，在依据设计规范、技术规定和业主要求的前提下，最大限度地满足工艺条件、使用功能且符合本专业质量要求。建设工程项目是需要依照设计阶段的设计来进行施工、管理和竣工验收的。设计方案会对后续的建筑废弃物量产生直接影响，比如图纸错误或与施工现场不符、建筑材料选用不当或浪费等造成的设计变更、返工等情况产生会增加建筑废弃物量。设计师对建筑废弃物的减量化态度，是指设计师对于执行建筑废弃物减量化行为所持有的一种积极或消极的评估或看法。众所周知，计划行为理论被广泛地运用于多个行为领域的研究之中，行为或行为意愿的解释力和预测力研究显著提高。该理论认为，个体的行为意向在一定程度上是受行为态度所影响的，那么设计师作为设计单位内部直接参与到工程建设项目中的人员，其对于建筑废弃物减量化的认识和态度也会直接影响其所在设计单位的建筑废弃物减量化意愿。

从已有的研究成果中看，Osmani 以建筑师为对象调查了设计阶段阻碍建筑废弃物减量化顺利实施的原因，发现设计人员认为建筑废弃物的产生不可避免，这说明他们缺乏对建筑废弃物减量化的正确认知。Li 借助计划行为理论构建了设计人员的建筑废弃物减量化行为研究模型，从减量化态度、主观规范以及知觉行为控制这三个方面对设计人员的减量化行为意向展开了分析，结果得出设计人员的减量化行为意向主要取决于其积极的减量化态度，受主观规范的影响并不大，且知觉行为控制在一定程度上还抑制了减量化行为意向。李政道在运用系统动力学原理对设计阶段建筑废弃物减量化所产生的经济效益和环境效益进行评估时，归纳总结了 20 个影响设计阶段建筑废弃物减量化的因素，其中有一条认为设计师的减量化行为态度在一定程度上直接影响着设计阶段建筑废弃物减量化的实施效果。此外，高奕颖、康健同样以建筑设计师为研究对象，就国内建筑废弃物减量化设计的现状以及潜力展开了调查，并将分析结果同英国有关研究进行了对比，发现国内设计师对于减量化设计的概念、重要性以及相关政策法规的认识与了解还远远不够，这使得他们在实施减量化时会遇到很多困难。王家远在调查设计阶段建筑废弃物减量化的影响因素时，发现设计师对于建筑废弃物减量化所持的态度极大地影响了设计阶段减量化的实施，并从环保意识、技能培训、激励机制、减排职责、企业内部文化以及管理人员的行业认可度六个方面体现了设计人员的减量化行为态度。孙洪伟在对承包商的建筑废弃物减量化管理意愿进行研究后认为，在影响承包商减量化管理意愿的诸多因素中，承包商从业人员的减排意识是一项主要因素。

"企业文化"一词最早起源于 20 世纪 50 年代的日本，并在随后的几十年间得到了快速发展。目前，国内外学者对于企业文化的阐述有很多，但并未形成相对统一的定义。Denison 在其著作中指出，企业文化（或组织文化）并不仅仅是指那些不易衡量的基本信念、价值观以及假设等，还是企业员工参与企业获得或者各种行为的一种外在表现。胡正荣则表示企业文化是物质形态与精神财富的共同体，包括了企业的产品和服务、价值观、文化理念、企业的精神、道德规章、行为准则、内部制度以及工作环境等概念。由此，一个企业在经过长时间的实践并不断总结之后会形成良好的企业文化，这一企业文化在潜移默化之中规范、约束着企业内部员工的各种行为。

在建筑废弃物减量化行为的相关研究中，企业内部文化主要指的是企业内部的环保和减排文化。Osmani 通过对英国排名前 100 位的建筑师进行问卷调查发现，设计单位内部缺乏减量化设计相关的培训是阻碍减量化设计顺利实施的主要因素之一，企业内部也可以通过制定相应的奖惩措施来激励员工在设计时主动考虑到建筑废弃物的减量化问题。Teo 和 Loosemore 认为，不同组织对废弃物减量化的态度之所以有所不同，主要是因为它们的组织文化以及所制定的废弃物管理政策不同。谭晓宁基于组织行为理论从企业的外在约束力、内部文化以及群体因素等方面提出了企业建筑废弃物减量化的动力模型，他认为企业内部员工执行建筑废弃物减量化行为的动力主要源自良好的企业内部文化对员工价值观的塑造，同时，企业内部的减废措施、管理制度、工作氛围以及技能培训是决定减量化的主要因素。朱姣兰以深圳市为例，归纳总结了影响施工人员建筑废弃物减量化行为的主要因素，通过对现场施工人员进行调查发现，企业内部减量化管理制度的缺乏、有效激励机制以及减量化相关培训和教育的缺失是阻碍施工人员进行建筑废弃物减量化管理的主要因素。此外，王家远在调查分析设计阶段建筑废弃物减量化的影响因素时，明确指出企业内部的减排文化、减排激励机制以及减排技能培训等对设计阶段建筑废弃物减量化的实施存在直接显著的影响。

社会与市场环境，指的是设计单位在实施建筑废弃物减量化行为时所面临的来自社会与市场的压力及障碍。设计单位考虑是否要执行建筑废弃物减量化行为时，除受到企业自身条件的约束外，还会受到一些外部环境因素的干扰，比如社会整体节能减排的环保意识水平、同行企业的相互影响以及可循环利用建筑材料市场的发展等。在现有的建筑废弃物减量化研究中，谭晓宁指出从企业自身的角度出发，企业的建筑废弃物减量化管理的动力主要来自外部环境的约束和引导机制的建立及对实行减量化所带来的经济、社会和环境效益的认同。此外，他探寻了建筑废弃物减量化行为的影响因素，并概括为态度因素、个性因素、认知因素、情境因素以及其他因素，其中情境因素的影响主要体现在实施减量化行为所面临的社会压力以及同行之间的相互影响上。袁红平基于计划行为理论从减量化态度、主观规范以及知觉行为控制三方面归纳总结了影响承包商开展建筑废弃物减量化管理意愿的主要因素，并通过分析得出社会文化环境、公众舆论影响及市场需求压力均显著影响着承包商废弃物减量化管理的主观规范，从而对其建筑废弃物减量化管理意愿产生影响。曾华华在对房地产企业绿色建筑开发意愿展开研究时，意愿模型主观规范部分主要是从外部影响和内部影响两个方面来考虑的，其中外部影响包括社会文化环境、政府法规管制以及市场需求压力。夏阳国在对设计人员的建筑废弃物减量化行为进行研究时，通过文献综述归纳了影响设计人员减量化行为的八大主要因素，其中包括社会压力以及同行业竞争所产生的影响，经实证研究发现外部环境影响对于设计人员的减量化意向存在着显著的影响。李则余的研究中，在对企业节能减排意愿的影响因素进行解构时，主要是从政府管制压力、媒体舆论压力、市场（消费者、竞争者）压力及内部阻力这四个方面来考虑的。因此可以推论，设计单位对建筑废弃物减量化产生重要影响。

政府作为建设工程项目实施废弃物减量化的推动者和倡导者，在整个建筑废弃物减量化管理系统中占据着主导性的地位。政府所制定的减量化相关的法律法规、政策规范、技术标准等对于项目各参与主体（包括设计单位、建设单位、承包商、监理单位等）的减量化行为都存在一定程度的约束作用。Ding Z 指出政府规章制度和相应的监管体系显著影响承包商建筑废弃物减量化管理的行为。A1-Sari 通过问卷调查探究了承包商建筑废弃物管理的态度和行为的主要影响因素，他指出，当缺乏政府监管时，承包商减量化的态度和行为主要受经济收益的直接影响，研究结果显示政府监管以及减量化的经济效益是影响承包商建筑废弃物减量化管理的两大主要因素。Calvo 评估了西班牙政府所制定的相关政策（如经济激励措施、惩罚措施等）对拆除建筑废弃物总量的影响，发现制定积极的减量化政策可以在很大程度上改善建筑废弃物管理的水平，减少最终废弃物的填埋量。此外，朱姣兰调查设计人员建筑废弃物减量化行为的影响因素，结果显示，有关减量化设计方面的行业技术标准和规范及相关政策法规的缺乏和指引对于设计人员实施废弃物减量化的影响程度最大。王家远归纳总结影响设计阶段建筑废弃物减量化成功实施的主要因素，他指出，在外部制度层面，减量化相关的规章制度以及政府的监管力度显著影响了设计阶段废弃物减量化的实施。孙洪伟在对承包商建筑废弃物减量化意愿进行研究后发现，相关法律法规及规章制度的健全程度以及政府对承包商施工监管的力度等是影响承包商减量化管理意愿的最重要因素，可以通过建立健全相应法律法规、积极采取税费优惠及减免政策、加大监管力度等措施来促进承包商实施建筑废弃物的减量化管理。

在工程项目的整个建设过程中，实际上存在着许多真实存在或不可预测的约束条件。就本研究而言，设计单位在进行建筑设计时，除了必须遵循国家制定的建筑设计规范以及技术标准以外，最重要的就是要能够满足业主的需求，如果业主并不支持或赞成采用设计单位的减量化设计方案（如采用预制的建筑构件、模块化设计或使用可循环建筑材料等），那么即使设计单位表现出很强烈的建筑废弃物减量化意愿，最终也不会使减量化行为得以真正实现，只能按照传统的一些设计方法来进行设计。李景茹通过分析设计人员的建筑废弃物减量化行为影响因素时发现，业主的态度（业主是否支持或赞成设计人员采用减量化的设计）是影响设计人员实施废弃物减量化最主要的因素之一。同时，业主方如果能够给予设计单位一定的减量化经济奖励，那么设计人员就会主动地在设计时考虑到废弃物减量化问题。

此外，设计单位在进行项目设计时，不同的项目存在着不同的约束条件，比如各工程项目的时间限制不同、资金投入不同等。Osmani 指出如果建设工程项目有充足的时间来让设计人员进行设计，那么他们就有可能会考虑建筑废弃物减量化的问题，从而采用一些减量化的设计技术。但如果时间很紧迫，那么设计人员会直接按照传统的一些方法来进行设计，而不会考虑到废弃物减量化。陈露坤在研究建筑废弃物减量化行为意识的过程中，基于计划行为理论构建了建筑废弃物减量化行为意识模型，并将时间限制以及造价限制作为指标纳入到知觉行为控制的影响当中，作为该影响因素的观测变量。同时，在计划行为理论的基础上，将政府监管、经济可行性以及项目约束这三个因素纳入到施工人员建筑废弃物减量化管理行为的研究模型之中，并对模型进行了实证分析，结果发现项目约束对于施工人员的减量化行为也存在着一定影响。由此也可以推断出建设工程项目自身的约束条件对于设计单位建筑废弃物减量化也会产生影响。

4.2.2　设计阶段减量化的管理方法

随着世界各国环境资源短缺问题日益突出，我国日渐提倡可持续发展的理念，人们已经逐渐意识到环境保护的重要性。虽然建筑废弃物减量化这个概念在我国已经出现很久了，但是在实际项目当中，相较于成本和经济效益来说，废弃物减量化的受重视程度仍然不够。相关调研数据显示，近30%的人员对于建筑废弃物减量化这个概念比较陌生。因此，政府和行业协会可以联合开展建筑废弃物管理的主题活动，邀请开发商、设计单位、施工单位、普通民众等各阶段利益相关者参与，展示优秀实践案例，共同探讨建筑废弃物可持续发展的道路。当社会大众认可真正推行建筑废弃物减量化的项目，认可具有社会责任感的企业时，建筑废弃物管理各利益相关方便有积极的意愿去开展建筑废弃物减量化，并主动要求或激励设计单位在工程项目中实施建筑废弃物减量化设计，从而形成良性的发展。另外，设计单位可以采用减量化策略，规划、设计和实践与建筑废弃物减量化相关的活动，包括成立专门的培训小组，组织设计人员深入学习建筑废弃物减量化的基本知识等，同时将建筑废弃物减量化与企业的绩效管理和薪酬激励等体系相结合，逐步提高建筑设计人员对建筑废弃物减量化的意识。

设计人员一般都是按照相关的法律法规和建筑设计规范标准来进行设计工作，目前对于减量化设计还没有一个官方的、标准的和全面的技术指导规范。最新的指导意见是住房和城乡建设部发布的《关于推进建筑垃圾减量化的指导意见》，强调建设单位须落实在建筑废弃物减量化工作中的责任，要积极开展绿色策划、绿色设计、绿色施工等工作。由于我国目前尚未明确制定减量化设计的行业规范和标准，可从以下几个方面来制定建筑废弃物减量化设计规范。

（1）建筑材料的修复、再利用或重新配置。研究发现，经评估后选择的某些材料或建筑构件，可以在其使用寿命结束后，通过修复、再利用或重新配置，延长其使用寿命或将其用于新的建筑项目中。这种方法可以减少新材料的需求量，减少废弃物的产生，并且通常能够减轻环境负担，例如减少二氧化碳排放和其他资源消耗。在考虑建筑材料的再利用和重新配置时，应在项目开始之前就进行现场调查，尽可能早地确定材料可重复使用的范围及其实用性，重复使用组件来降低建造成本。

（2）预制技术的应用。预制一直被认为是一种绿色生产技术，可以最大限度地减少建筑对环境的不利影响，如废弃物、噪声、灰尘和空气污染。预制过程中大部分工作在工厂环境中完成，这极大地避免了现场施工中常见材料的浪费。此外，预制技术可以精确地预制建筑元件和模块，这种精确度能减少在现场施工过程中由于测量错误或调整需要而产生的废弃物。

（3）建筑材料及技术优化设计。在设计过程当中设计人员应注重采用资源能源消耗少，生态环境影响小，具有"节能、减排、低碳、安全、便利和可循环"特征的高品质建材产品。同时应注重采用材料资源效率最优化的设计方法，例如在不违背原设计概念的前提下，调整构件尺寸以达到精益设计的目的，从而直接减少建筑废弃物。

（4）建造过程的高效设计。设计人员需要考虑工作顺序如何影响建筑废弃物的产生，并时常与承包商和其他专业分包商合作，从早期设计阶段就让承包商参与进来，以找出与采购路线有关的建筑废弃物最少化方法。通过设定明确的目标来理解和减少这些废弃物，并在后续的建造过程中进行审核和纠偏。同时，通过有效的项目管理和监督，确保施工过程中严格执行设计中的减废策略，这包括对材料使用、废料处理和回收，进行实时监控和调整，最大限度地减少废弃物的产生。

此外，设计单位应在企业内部创造一种积极推进建筑废弃物减量化实施的文化氛围，鼓励设计人员围绕减量化设计进行积极的探讨交流，以加强设计人员对减量化设计的认知，并提升相应的专业技术水平。

4.3 施工阶段减量化的行为和认知管理

施工阶段是直接产生建筑废弃物的关键环节，在这一阶段对建筑废弃物进行减量化管理尤为重要。施工阶段涉及承包商、业主、政府等多个利益相关者，而施工单位作为其中的关键因素，其是否愿意进行建筑废弃物减量化在很大程度上决定了建筑废弃物的产生量。

4.3.1 施工阶段减量化行为管理现状及问题

施工过程中废弃物的主要来源有以下几点：因施工现场人员操作错误、不当、现场处理材料而产生的边角料；因设计过程中的错误导致施工的变更、不当等；材料在储存、运输、装卸过程中的损坏；采购材料时出现采购过多、错误、质量问题等。上述因素主要针对施工过程中废弃物产生的缘由做解释，但废弃物后期的资源化再生利用，同样也会对废弃物减量化管理带来积极影响。通过相关文献的归纳总结，目前我国施工现场产生的建筑废弃物主要管理现状如图 4-5 所示。

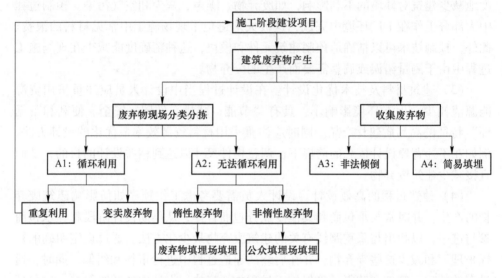

图 4-5　施工现场建筑废弃物减量化管理现状

　　施工阶段是废弃物产生的主要源头，做好施工阶段的源头减量化管理，可有效减少建筑废弃物的产生。现阶段建筑废弃物减量化存在的主要问题如下：在工地管理过程中，并未预先设置减量化目标管理体系，管理人员初期未形成减量化管理意识，同时监管不到位，导致后期废弃物产量暴增；针对建筑废弃物管理方面的法律法规，存在责任划分不明确、缺乏具体的减量化管理激励措施等问题，因而不能激励企业在源头上采取减量化管理；对于施工过程中产生的建筑废料与施工用料，很多工地未明确划分堆放分割线，因此施工现场堆放混乱是如今大多数工地常见的现象，这导致部分可利用的施工材料常常存在浪费、丢失的情况。随之而来的是，后期建筑废弃物分类分拣效率也会降低，使可再次投入使用的资源白白流失；我国建筑行业工业化程度较低，处于大量投入劳动力阶段，因而为农村人口提供了较多就业岗位。然而，承包商往往为追求自身利益，对于这些人员前期的技能及减量化培训较少，施工人员减量化意识淡薄，施工操作不合规等情况时有发生，导致产生过量的边角料浪费。可见，除加强建筑废弃物源头和施工过程的减量化管理外，相关方还应重视建筑废弃物资源化处理未能达到减量化效果的现象。

4.3.2 施工现场建筑废弃物行为认知研究：构建贝叶斯网络

基于第 2 章对计划行为理论（TPB）的分析介绍，并结合文献和相关资料，我们将行为态度（BA）、主观规范（SN）、知觉行为控制（PBC）、政府监管（GS）、经济成本（EC）、减量化行为意向（WR）、减量化行为（WRB）确定为影响施工现场建筑废弃物行为的关键因素（见图 4-6），并构建了施工现场建筑废弃物减量化行为的框架模型。

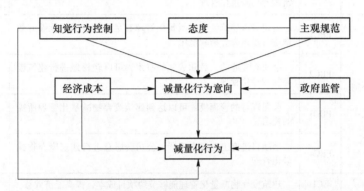

图 4-6 施工现场建筑废弃物减量化行为框架

在上面所假设的模型基础上，借鉴国内外文献中对于建筑废弃物减量化行为的研究，并结合所识别出的影响因素，可以初步设置一个调查问卷。

调查问卷可以设置为个人基本信息和李克特量表两部分组成。在第一部分中，主要收集个人的基本信息，如年龄、工作年限、教育背景、工作性质等。第二部分为核心部分，主要用于收集如图 4-6 所示的施工现场人员建筑废弃物减量化行为意向假设模型中的 6 个潜在变量的观测数据。采用李克特五分法量表，施工现场人员对于题目的回答有 5 个不同程度的选择，即"强烈同意""同意""一般""不同意""强烈不同意"。

在初始问卷完成后，首先请相关从业人员对问卷所设置的题项进行意见反馈，检验各个变量的题目设置能否达到预期的调查目的。对题项进行修改后的问卷如表 4-1 所示。

表 4-1 修改后的问卷题目

因 素		问 卷 题 目	来源
行为态度（BA）	BA1	我对建筑废弃物减量化非常感兴趣	Udawatta 等 Osmani 等 Li Jingru 等 Wu 等
	BA2	实施建筑废弃物减量化是我的职责	
	BA3	建筑废弃物减量化有助于保护环境，提高环境质量	
	BA4	施工过程中应该被要求进行建筑废弃物减量化	

因　素		问　卷　题　目	来源
主观规范 （SN）	SN1	同行业的其他公司的建筑废弃物减量化管理会促使我公司进行建筑废弃物减量化	Yuan 等 Tonglet 等 Udawatt 等
	SN2	业主对建筑废弃物减量化管理的态度会影响我公司对建筑废弃物减量化的做法	
	SN3	市场对建筑废弃再生利用产品的需求，将推动公司采用建筑废弃物减量化管理	
知觉行为控制 （PBC）	PBC1	公司对于建筑废弃物减量化管理有足够的经验，能够有效地进行建筑废弃物减量化	Wu 等 Osmani 等 Yuan 等
	PBC2	公司有专业的人员和成熟的技术，可以轻松地进行建筑废弃物减量化管理	
	PBC3	公司现有的管理模式可以达到建筑废弃物减量化管理所需的要求	
	PBC4	当项目进度工期要求不紧，公司会愿意进行建筑废弃物减量化管理	
经济成本 （EC）	EC1	建筑废弃物减量化管理能够节约项目成本，提高经济效益	Wu 等 Poon 等
	EC2	建筑废弃物减量化管理能够降低缴税比例	
	EC3	政府会对建筑废弃物减量化管理项目提供财政补贴和税收优惠	
政府监管 （GS）	GS1	政府在节约能源和环境保护方面的政策，引导和鼓励公司进行建筑废弃物减量化管理	Yuan 等 Wu 等 Mak 等
	GS2	政府已经制定了完整的建筑废弃物减量化管理行业标准和管理条例	
	GS3	政府在施工阶段颁布了强制性的法律法规要求，迫使公司进行建筑废弃物减量化管理	
	GS4	政府拥有完整的建筑废弃物减量化管理体系	
减量化行为意向 （WR）	WR1	公司愿意积极参与并组织培训建筑废弃物减量化管理的相关内容	Ajzen I Li Jingru
	WR2	公司愿意进行建筑废弃物减量化管理	
	WR3	公司会向业主及其他利益相关者就建筑废弃物减量化管理方面提出建议和策略	
减量化行为 （WRB）	WRB1	公司经常组织建筑废弃物减量化相关知识的学习和推广	Udawatta 等 Poon 等 Poon 等
	WRB2	在施工过程中，公司采用了先进的施工技术（装配式施工技术、预制施工），避免了建筑废弃物的产生	
	WRB3	在施工现场，公司对建筑废弃物进行了分类管理	

　　首先，为保证本问卷所获得样本数据的有效性及可靠性，应对样本数据及潜在变量进行信度和效度分析。例如，利用 SPSS 软件对样本及其潜在变量进行信度分析，检测其内在一致性。若整个问卷的 Cronbach's Alpha 大于 0.700，具有高信度。再对模型中各个潜在变量分量表数据进行信度分析检验，若各个潜在变量的 Cronbach's Alpha 系数均大于 0.700，表明问卷具有良好的内部一致性，可信度较高。

　　其次，借助 SPSS 对问卷进行效度分析，通过 KMO 值（Kaiser-Meyer-Olkin value）和 Bartlett 球形度检验评估因子分析的适用度情况。问卷总体和分量表 KMO 值均大于 0.700 且所有分量表的 Bartlett 球形度检验卡方统计值显著性显示均为 0.000（$P < 0.001$），在 0.05 的水平上显著，表明较适合进行因子分析。

　　最后，运用 AMOS 软件对问卷进行验证性因子分析并检验问卷效度，若六个潜变量的所有测量变量在各自的潜在变量上的因子负荷均大于 0.5，达到 0.05 的显著水平（表明因子负荷的统计结果有 95% 的置信度是真实存在的，即测量变量与其对应潜在变量之间的关系非常显著），检验结果说明所有的测量变量能够有效反映所对应的潜在变量，潜在变量及整个问卷符合效度要求。同时，各个潜在变量的临界比值（Critical Ratio，CR）均在 0.7 以上，绝对拟合指数 AVE 值均大于 0.5，表明各个潜在变量的观测变量能够较好地解释潜在变量，问卷及模型符合相关要求。效度检验结果如表 4-2 所示。

表 4-2　效度检验结果

变量名称	测量变量	标准化因子负荷	P 值	CR	AVE
行为态度 （BA）	BA1	0.774	***		
	BA2	0.753	***	0.715	0.586
	BA3	0.778	***		
	BA4	0.762	***		
主观规范 （SN）	SN1	0.887	***		
	SN2	0.851	***	0.812	0.733
	SN3	0.831	***		
知觉行为控制 （PBC）	PBC1	0.842	***		
	PBC2	0.732	***	0.745	0.667
	PBC3	0.895	***		
	PBC4	0.797	***		
经济成本 （EC）	EC1	0.821	***		
	EC2	0.911	***	0.776	0.676
	EC3	0.723	***		

变量名称	测量变量	标准化因子负荷	P 值	CR	AVE
政府监管 （GS）	GS1	0.713	***		
	GS2	0.874	***	0.733	0.621
	GS3	0.813	***		
	GS4	0.742	***		
减量化行为意向 （WR）	WR1	0.927	***		
	WR2	0.883	***	0.885	0.794
	WR3	0.862	***		
实际行为 （WRB）	WRB1	0.792	***		
	WRB2	0.939	***	0.780	0.677
	WRB3	0.703	***		

注：1. $x^2/df = 1.843$, GFI = 0.935, NFI = 0.925, IFI = 0.932, TLI = 0.957, CFI = 0.967, RMSEA = 0.047。

2. "***"表示显著性小于0.001。

为了满足贝叶斯建模要求，需要对连续变量进行离散化。根据以往研究和本问卷选项设置，将行为态度（BA）、主观规范（SN）、知觉行为控制（PBC）、经济成本（EC）、政府监管（GS）、行为意向（WR）、减量化行为（WRB）分为"好（good）""一般（ordinary）""较差（poor）"三类。然后，根据调查问卷数据，采用加权平均法计算各变量得分，得分范围为1~5，假设其服从均匀分布，概率为25%，以确定阈值。6个变量的得分区间划分如下：区间［4，5］代表"好"，区间［2，4］代表"一般"，区间［1，2］代表"较差"。

贝叶斯模型的构建包括：变量选择、变量网络结构图的建立和参数学习三个部分。基于计划行为理论（TPB）和文献综述，已经完成了变量选择和变量网络结构图的建立，从而形成了无参数贝叶斯模型（见图4-7），最后，将利用Netica软件对无参数贝叶斯模型进行机器学习。

考虑数据的时间序列特性，使用内部验证来执行参数学习，以更好地反映数据的动态变化。在1274份有效样本数据中，采用留出法将完整数据随机分为训练集（Training set）和测试集（Testing set），比例为7：3，因此使用892个样本作为模型的训练集，其余382个样本数据为验证集，以验证模型的准确性和可靠性。

若样本数据完整没有缺失，数据结构状态完整，可继续使用Netica软件中的"Incorp案例文件"功能模块对贝叶斯模型进行参数学习。将训练集数据导入Netica软件，可以得到每个节点的条件发生概率，将理论框架和样本数据导入Netica软件，最终得到的每个节点的发生概率和最终训练贝叶斯模型如图4-8所示。

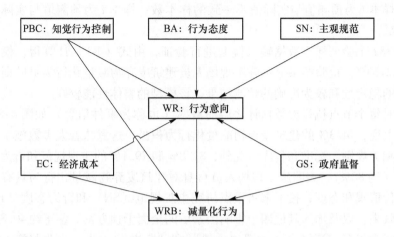

图 4-7 贝叶斯网络结构

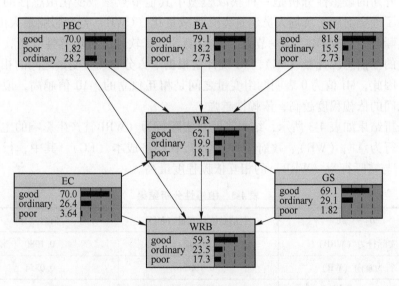

图 4-8 施工现场建筑废弃物减量化行为节点概率贝叶斯模型

为了验证训练模型的准确性和可靠性，将验证数据集输入模型进行概率推断，然后将输出结果与实际情况进行比较。由于输出结果为概率值，根据最大隶属原则，取概率值最高的值为模型预测值。因此，模型的错误率由式（4-1）计算：

$$\text{错误率} = \frac{\sum \text{样本 f}}{\sum \text{样本 f} + \sum \text{样本 t}} \times 100\% \tag{4-1}$$

式中，样本 f 为预测值与实际值不一致的样本数；样本 t 为预测值与实际值一致的样本数。

将 382 个验证样本数据输入模型进行验证，由式（4-1）计算得，模型的误差率为 2.63%，检验结果显示施工现场人员建筑废弃物减量化行为贝叶斯模型具有较好的稳定性和较为准确的预测结果，该模型的整体性能较好。

在对每个节点执行参数估计之后的概率（也称为事件信念）如图 4-8 所示。从根本上说，74.3% 的建筑废弃物减量化行为积极，这意味着大多数施工现场人员遵循相关规则、标准和程序。此外，81.8% 和 79.1% 的主观规范和行为态度水平较高（约 80%），表明施工现场人员自身对建筑废弃物减量化行为具有较好的信念、价值观和态度，接下来将重点研究主观规范（SN）和行为态度（BA）共同作用效果，以及加入其他四个影响因素后的全面干预方案。鉴于约 40.8% 的人员实际行为仍存在消极水平（即"一般"和"较差"），进一步改善施工现场人员的建筑废弃物减量化行为的潜力巨大。

贝叶斯的敏感性分析是一种获取模型中其他节点参数变化敏感性的分析方法。为了确定对施工现场人员建筑废弃物减量化（CWR）行为影响最大的因素，选择实际行为（WRB）这一节点，并利用 Netica 软件进行敏感性分析，计算各个变量的互信息统计量（MI），MI 统计量根据卡方分布衡量变量之间的相互依赖程度。因此，MI 值为 0 表明两组变量之间是相互独立的，MI 值越高，说明两组变量之间的依赖程度越高，依赖性越强。

分析结果如表 4-3 所示，结果表明对实际行为（WRB）产生影响的主要直接因素有行为意向（WR）、政府监管（GS）和经济成本（EC）。其中，行为意向（WR）与实际行为（WRB）的相互依赖程度最高。

表 4-3　敏感性分析结果

节　　点	互信息统计变量（MI）	信念差异
实际行为（WRB）	0.8442	0.1980
行为意向（WR）	0.1302	0.0354
政府监管（GS）	0.0078	0.0023
经济成本（EC）	0.0300	0.0086
行为态度（BA）	0.0045	0.0013
知觉行为控制（PBC）	0.0099	0.0029
主观规范（SN）	0.0058	0.0017

BN 网络提供了主观规范（SN）和行为态度（BA）的条件概率关系，如表 4-4 所示。该表显示了从参数估计步骤导出的行为意向节点的 CPT。

表4-4 行为意向节点的CPT

poor	ordinary	good	主观规范（SN）	行为态度（BA）
0.2470	0.2980	0.4550	poor	poor
0.2480	0.3000	0.4520	poor	ordinary
0.2460	0.3000	0.4540	poor	good
0.2470	0.3020	0.4500	ordinary	poor
0.2450	0.3090	0.4460	ordinary	ordinary
0.2190	0.2760	0.5040	ordinary	good
0.2480	0.3000	0.4520	good	poor
0.2010	0.2640	0.5350	good	ordinary
0.1480	0.2120	0.6410	good	good

如表4-4所示，较差主观规范（SN）和行为态度（BA）导致较差的行为意向（WR）概率为24.7%。同时，增强行为态度（BA）对行为意向（WR）的影响略大于主观规范（SN）。因为仅确保良好行为态度（BA）有45.4%的机会实现积极的行为意向，这略高于良好主观（SN）规范的可能性（45.2%）。一般水平的主观规范（SN）和行为态度（BA）有30.9%的概率导致一般的行为意向（WR）。此时增强SN比增强BA更有效，WR的改善可能性更大，从44.6%增加到53.5%。高水平的SN和BA导致高水平的WR，概率为64.1%。

三个级别的行为意向（WR）与相同水平的减量化实际行为（WRB）的概率达到一致，如表4-5所示。

表4-5 减量化实际行为节点的CPT

poor	ordinary	good	减量化实际行为节点（WRB）
0.3333	0.3333	0.3333	poor
0.2870	0.4260	0.2870	ordinary
0.0890	0.1450	0.7660	good

信念更新过程对于预测至关重要。当给定BN中一个或多个节点的状态时，网络可以自动更新以评估其他节点的信念状态，并据此分析建筑废弃物减量化行为的干预措施。下面分别介绍单维干预和多维干预，以WRB为观察节点，从不同维度分析6个不同因素不同状态的干预改善效果，确定最佳的联合干预措施。

（1）单维干预。当WR被指定为"好"状态时，因为干预只在WR上，网络的总体信念改变，如图4-9所示。在这种情况下，建筑废弃物减量化行为（WRB）的水平从59.3%上升到76.6%。所有节点单维干预策略下WRB状态的变化情况如表4-6所示。

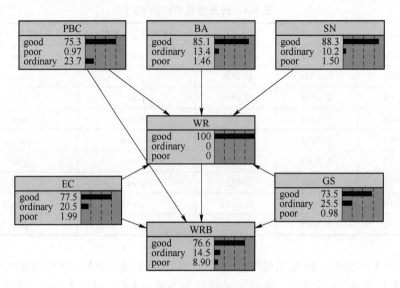

图 4-9　信念更新后的节点概率

表 4-6　减量化行为状态变化情况

节点	减量化行为的情况	节点	减量化行为的情况
WR	good：0.7660	PBC	good：0.6310
	ordinary：0.1450		ordinary：0.2190
	poor：0.0890		poor：0.1500
GS	good：0.6640	SN	good：0.6160
	ordinary：0.1830		ordinary：0.2240
	poor：0.1530		poor：0.1600
EC	good：0.6530	BA	good：0.6140
	ordinary：0.2030		ordinary：0.2240
	poor：0.1440		poor：0.1620

　　如表 4-6 所示，在 6 个影响因素中，行为意向（WR）对减量化行为（WRB）产生了最好的改善效果，其次是政府监管（GS）、经济成本（EC）和知觉行为控制（PBC），改善效果较差的是主观规范（SN）和行为态度（BA）。

　　（2）多维干预。由于施工现场影响因素并非单一性的，应考虑同时控制多个因素的状态来实现减量化行为的进一步改善。基于上述的分析结果，进行多维联合干预政策的比较是非常必要的。进行多维干预时，WRB 的变化见表 4-7。

表 4-7 多维度干预方案

节点	减量化行为情况	节点	减量化行为情况	节点	减量化行为情况
WR + GS	good：0.8420	GS + EC	good：0.7690	EC + SN	good：0.6830
	ordinary：0.0918		ordinary：0.1290		ordinary：0.1890
	poor：0.0665		poor：0.1110		poor：0.1280
WR + EC	good：0.8060	GS + PBC	good：0.7130	EC + BA	good：0.6800
	ordinary：0.1280		ordinary：0.1630		ordinary：0.1910
	poor：0.0655		poor：0.1250		poor：0.1290
WR + PBC	good：0.7920	GS + SN	good：0.6930	PBC + SN	good：0.6610
	ordinary：0.1360		ordinary：0.1690		ordinary：0.2050
	poor：0.0719		poor：0.1380		poor：0.1340
WR + SN	good：0.7680	GS + BA	good：0.6900	PBC + BA	good：0.6570
	ordinary：0.1440		ordinary：0.1710		ordinary：0.2070
	poor：0.0876		poor：0.1400		poor：0.1360
WR + BA	good：0.7670	EC + PBC	good：0.6960	SN + BA	good：0.6410
	ordinary：0.1450		ordinary：0.1900		ordinary：0.2120
	poor：0.0882		poor：0.1140		poor：0.1480

表 4-7 显示，同时改变行为意向（WR）和政府监管（GS）时，达到高水平减量化行为 WRB 的最佳概率为 84.2%。结果表明，行为意向（WR）与其他所有维度相结合的联合干预方案效果都优于仅改善行为意向（WR）的效果。同时，政府监管（GS）和经济成本（EC）的综合改进效果也超过了最佳单维改善效果（仅改善行为意向（WR）的效果）。

结果表明，在建筑废弃物减量化领域，行为意向（WR）对施工现场人员的减量化行为（WRB）改善起到了关键作用，并且遵循一定的顺序。具体而言，根据 MI 值计算，行为意向（WR）与建筑废弃物减量化行为（WRB）的关系密切，表明行为意向是影响施工现场人员实际行为的最直接因素。同样，Myriam 等学者通过对北美 445 名消费者发放调查问卷，探讨了影响消费者整体废弃物最小化行为的关键变量。他们指出行为意向的影响程度最高，当消费者的行为意向越强烈，越想通过行为减少废弃物的产生。

优化主观规范（SN）与行为意向（WR）之间存在显著的一致性。当施工现场人员的主观规范（SN）和行为规范（BA）处于一般或较好状态时，通过直接加强主观规范（SN）有助于优化其行为意向（WR）。这是因为在这种情况下，加强主观规范（SN）相较于行为规范（BA）能更有效地推动行为意向（WR）的优化。此外，行为意向（WR）的优化与减量化行为（WRB）的改善效果最终达到高度一致。因此，企业可以通过对利益相关者进行充分的管理培训，提高他们对建筑废弃物减量化（CWR）规定的重视程度，从而增加现场人员感知到的社会压力，即主观规范（SN）。

在计划行为理论框架下，引入了两个新的变量，即经济成本（EC）和政府监管（GS），以探讨其对建筑废弃物减量化实际行为（WRB）的影响。结果表明，经济成本（EC）与减量化行为（WRB）之间存在较高的关联性，且这两个变量对减量化行为（WRB）的单一影响程度较为显著。当综合改进政府监管（GS）和经济成本（EC）时，改进效果超越只对行为意向（WR）进行改善的效果，这说明对施工现场人员进行严格监督的同时给予适当的经济激励，可以有效促进建筑废弃物减量化管理。例如，德国《循环经济与废弃物清理法》主张企业建立无缝线路监管体系，日本设立建筑垃圾专项维护基金，为相关企业推广无缝线路提供资金支持。相比较之下，针对减量化行为（WRB）的改善效果而言，同时改善政府监管（GS）和个体行为意向（WR）的干预策略被认为最为有效，对于建筑废弃物减量化行为（WRB）的促进具有最佳的干预效果。

对施工现场人员的建筑废弃物减量化（CWR）行为进行研究，从源头上减少建筑废弃物的产生，不但可以降低相关成本，还能提高资源利用效率，促进循环经济的发展，从而创造经济效益。因此，各国政府、企业和个人都应该采取积极的措施，促进建筑废弃物减量化行为（WRB）的落实，共同推动可持续发展。

4.3.3 施工阶段减量化行为管理方法

施工前期做好统筹规划，包括重视图纸会审、加强技术交底、完善施工组织设计、准确材料用量预算、岗前培训、制定奖惩制度等工作，以减少后期浪费。

在图纸会审过程中，应加强分包与总包之间的交流，以明确各自的施工范围，保证各专业分包的工作衔接顺畅。施工企业技术人员应加强和设计单位、业主之间的技术沟通，深刻了解设计意图、施工要求，为现场的实际施工起到有效传达和指导的作用，避免后期因返工带来的浪费。合理选择施工方案，包括材料、施工工艺的选择，以减少施工中废料的产生量。合理安排工期，预留时间对废弃物进行分类分拣，提高资源化利用率。

正确核算材料用量，实行限额领料。建设前期依据工程量清单和施工图纸仔细核算各分部分项工程所需材料用量，依据施工进度和材料计划分发材料。对于材料超额用量的部分，查找其缘由，避免再次出现。

实行岗前培训。首先，加强对员工的减量化意识的培训，促使其进行减量化施工。其次，对员工进行新技术、新工艺的培训，提升其减量化技术水平。建立减量化奖罚制度，对于对废弃物产生量减少有促进作用的人员给予奖励，浪费现场材料、阻碍减量化推进将会受到惩罚，以经济手段来调动人员减量化的积极性。

　　施工阶段应做好预检、监督、材料保管、材料采购等工作。施工过程中涉及到各部位预留孔洞、轴线位置、标高等下一道工序施工前的准备工作，应做好预检工作，防止后期因施工偏差带来的返工。管理人员应加强对现场的监督巡视工作，保证现场工人按图施工，同时督促人员采取减量化施工，不肆意浪费现场施工材料。据统计，材料成本约占工程总成本的70%，因此合理管控、采购材料不仅能够直接降低施工成本，还能有效降低废弃物产生量。严格按照材料采购计划和合同要求采购合格材料，针对易撒、易漏材料的运输，加强监管工作；对于易腐、易锈、强度低的材料，采取合理的保管方式，避免因保管不当带来过多的材料浪费。

4.4　运输阶段减量化行为和认知管理

4.4.1　不同分类建筑废弃物运输特点

　　建筑和拆除废弃物的运输阶段由废弃物在施工现场或拆除现场装车完毕开始，到废弃物运输至目的地为止。拆除建筑废弃物运输的目的地根据废弃物种类以及最终处置方式的不同而变化，这些目的地通常包括填埋场、循环利用场、废旧材料市场等。在实际项目中，大部分项目的运输都由拆除部门负责，也有部分项目由拆除部门另寻运输公司进行运输。

　　工程渣土在施工中产生源广泛但成分单一，渣土可以按照组成以及颗粒大小进行二级分类，如表4-8所示。根据施工前对地质条件的勘测情况，选择合适的开挖方式，若施工条件允许，尽量避免不同土质的渣土混合开挖；若混合开挖，在施工现场进行分离处置，尽量将不同粒径的渣土进行分离。泥浆经过分离、压滤脱水产生的泥饼可划分至工程渣土的二级分类中。

表4-8　工程渣土和工程泥浆分类

一级分类	二级分类	来源/投放方式
工程渣土	有机土、耕植土	属于表层土、原始渣土，与其他几类分开堆放
	碎石土	施工地面平整产生
	砂土	地下工程、桥梁工程等桩基或工作井开挖，隧道、房建工程地连墙开挖产生
	黏性土、粉土	地下工程中产生的盾构
	泥饼	泥浆分离、压滤后产生，堆放时单独堆放
	盾构泥浆	钻孔桩基施工、隧道、地铁工程中地下连续墙施工
工程泥浆	盾构泥水分离出的砾石、中粗砂、粉砂、黏性土	现场根据含砂率分离后，分别堆放

　　工程渣土堆存位置应与建筑、基坑等保持安全距离，并及时覆盖防止扬尘。严格控制渣土堆存高度，长期堆存的渣土应设置排水通道，防止滑落等次生灾害发生。考虑到后期处置方式不同，不同组成的渣土尽量在施工现场单独存放，并在堆体之间设置隔板并设置分类标识。与具有相关资质的渣土运输公司合作，工程渣土运输方式采用配备收集箱的运输车，收集箱应具备密闭功能，防止扬尘与遗撒，导致二次污染。在深圳等沿海城市，渣土海上外运可缓解收纳场能力不足的问题，运输船只需要关注安全及环境污染监测等相关问题，避免运输工程中渣土泄漏。在施工现场单独设置泥浆循环池和收集池或泥浆罐，严格控制收集池和泥浆罐中废弃泥浆的存放量，避免泥浆溢出，未处理的泥浆采用配备泥浆管的运输车。分离、脱水泥浆时，分离出的砾石、中粗砂、粉砂、黏性土分别存放，在堆体之间设置隔板并设置分类标识。

　　工程垃圾（也称施工垃圾）的类别相对工程泥浆和工程渣土更为复杂，任何的施工工程都会产生工程垃圾，需要根据不同施工工程、不同施工阶段的实际产废情况选择合适的分类方式，工程垃圾的具体分类如表4-9所示。另外，我国山区面积广大，占全国面积的三分之二。近年来积极发展山区旅游业，需要广泛修路，如贵州、山西、福建、四川等地，部分桥梁、高速公路、隧道的施工会在山区进行，涉及山体开挖工程，过程中会产生大量的山石，若开挖山石作为骨料，性能将比再生骨料强度、性能更好。考虑到该部分山石的资源价值、经济价值及产生来源，将该部分归为工程垃圾，二级分类属于无机非金属类，根据地质勘探山体岩石性质决定开挖山石的再利用途径。

表4-9　工程垃圾分类

一级分类	二级分类		来源/投放方式
建筑废弃物	金属类	钢、铁	部件加工边角料，空间允许时，不同金属类分别堆放
		铝	
		铜	
		合金	
	非金属类	开挖山石	桥梁、隧道施工过程，必须单独存放、运输
		钢筋混凝土	混凝土支撑等
		混凝土	场地剩余材料，与钢筋混凝土分开存放
		废砖瓦	空间允许时单独堆放
		砂石	空间允许时单独堆放
		废陶瓷	空间允许时单独堆放
		废玻璃	空间允许时单独堆放

　　按照表4-9的分类方式，在施工现场设置专门的垃圾收集区域，在不同类别

垃圾堆放区之间竖立隔板并设置相应的标识牌。另外混凝土支撑等大体积构件在现场进行破碎，钢筋与金属类放置在一起，剩余的混凝土也便于运输。开挖山石可选择现场破碎后进行运输。木材、废纸、塑料存放区域设置防雨设施，避免堆放物被雨水浸泡。有毒有害物质类存放区域设置阻隔设施，其管理相对于其他类别工程垃圾要更严格，需按时排查被雨水浸泡后是否对存放区域土壤造成污染。按照分类进行运输，无机非金属类、废沥青运输方式选择与工程渣土相同；金属类、除沥青外的有机类选择相应的回收公司。需要特别注意的是有毒有害类垃圾的运输，采用密闭形式的运输车，运输过程中避免遗撒，运输路线尽量绕开拥挤和人口居住地段，运输后对车辆进行清洗。

目前我国民用建筑的拆除方式以整体拆除为主，这种拆除方式给建筑废弃物的后续处理造成困难，由于拆除后建筑废弃物为混合状态，不便于分离，导致建筑废弃物现场利用率不高。在许多情况下，最经济的是选择性拆除建筑物。法国里昂市在拆除一个旧军营的 25 座建筑物时，提到采用选择性解构是可持续拆除废弃物管理的重要一步。选择性的建筑拆除是拆除的另一种选择，它包括系统的拆卸、分阶段分类拆除、分类存放，目标是最大限度地重用、回收和从垃圾填埋场转移建筑废弃物。虽然选择性拆除能够从源头上分离不同类型的材料，但由于拆卸的经济性较差，它不是首选的做法。如果以时间、技能和劳动力来衡量，实际付出的努力远高于常规拆除。

拆除工程潜在危险大，若没有建筑的施工图纸，制定拆除方案将变得困难，且容易出现对现场的估算错误。拆除之前需要对拆除对象周围的环境包括周边已有建筑分布情况、年代进行调查，根据建筑施工图纸详细了解建筑结构形式、拆除面积、拆除部位材料、内部管线情况，制订拆除计划。

介于传统拆除和完全部件逐个拆除之间的方式，是使拆除废料达到最佳性能的方式，通常包括以下步骤：

（1）对危险物质进行审查，并评估是否需要进行专门的分离。拆除工业厂房、化工厂、实验室等建筑物时，任何与溶剂接触过的废料必须作为危险废弃物进行处理。

（2）对于直接可重复使用的部件选择手动拆卸，如门、玻璃、未被污染的金属、卫生洁具、加热锅炉、木梁、钢框架、可重复使用的散热器等。若建筑物没有直接可重复使用的材料，应该选择分离地板覆盖物、天花板和可燃及非可燃废物。

（3）根据建筑物的类型，有混凝土的建筑物通常被拆除，根据不同建筑物的混凝土强度生产再生骨料。为保证再生骨料的品质，要求在建筑施工时，建设单位必须保留原图纸，在建筑物达到其生命周期时便于拆除施工单位参考，以确定各部位材料来源和强度等级（尤其是混凝土）。拆除垃圾的具体分类方式如

表4-10所示。

　　拆除建筑废弃物在运输时要注意完整拆卸的门、窗、卫生洁具等，避免在运输过程中造成破碎。对于其他的玻璃、木材及陶瓷，存放时与其他金属、无机类、有机类废弃物分开存放，选择与工程渣土相同的运输方式。有毒有害类物质均单独放置，避免交叉污染释放毒性，并选择密封的运输设备进行运输。运输过程中应避免遗撒，运输路线尽量绕开拥挤和人口居住地段，运输后对车辆进行清洗。拆除的大体积构件现场破碎后再放置于相应的存放区。

表 4-10　拆除垃圾分类

一 级 分 类	二 级 分 类		来源/投放方式
拆除垃圾	金属类	钢、铁	电梯、结构钢材、钢筋混凝土、门窗、广告牌、护栏、管道等
		铝	
		铜	
		合金	
	无机非金属类	混凝土	建（构）物主体结构（梁、板、柱、基础）、墙体、地面、道路等
		废砖瓦	屋顶、地面、人行道等，单独堆放
		石材	地面、路沿石、装饰台面等
		废陶瓷	卫生用具
		废玻璃	门窗、家具
		钢筋混凝土	支撑结构，单独堆放
	有机类	废沥青	沥青屋顶、路面等，单独堆放
		木材	门窗、家具、梁柱等
		废纸	墙纸、书等
		塑料	管道、窗框、家具、装饰品等
		石棉及石棉接触过的材料	隔音、保温材料，单独堆放
	有毒有害物质	含铅油漆接触的材料	单独放置
		未打磨的玻璃纤维	
		接触多氯联苯的变压器、电容器等	
		燃料储存罐	
		压力处理过的木材	
		镍铬电池	
		含水银的灯	

　　目前，建筑工程装修废弃物一般与其他类别的建筑废弃物混合，但由于装修废弃物的组成及成分极为复杂，若不经分类直接处理会对环境造成极大的安全风

险。随着人均生产总值的提高，装修行业日益繁荣，装修材料种类日趋复杂，装修废弃物的分类、处置成为建筑废弃物管理的重点。房屋新装修以及房屋二次装修过程中涉及的涂料类物质比较多，因此，在分类时，重点关注该类有害物质的装修废弃物，具体分类如表4-11所示。

表4-11　装修废弃物分类

一级分类	二 级 分 类		来源/投放方式
装修废弃物	金属类	钢、铁	电梯、结构钢材、钢筋混凝土、门窗、广告牌、护栏、管道等的边角料，单独堆放
		铝	
		铜	
		其他合金	
	无机非金属类	混凝土块	填充墙构造柱、装饰性构件，单独堆放
		石材	地面、墙面，单独堆放
		砖、砌块	墙体、砌体
		砂浆	墙体、砌体，产生量少。可以与混凝土一起堆放
		陶瓷	卫生洁具、地面、墙面
		玻璃	门窗、屏风、家具、洁具
		石膏	吊顶、墙体
	有机类	木块、竹块	装饰构件、门、窗框等
		塑料	包装材料、塑料窗框等
		纸板、纸屑	一般是包装材料
		生活垃圾	与所有的装修垃圾分开堆放
	有毒有害物质	与含铅油漆接触过的材料	必须单独堆放
		与易碎石棉材料接触过的废料	
		与多氯联苯接触过的废料	
		接触过杀虫剂/除草剂的木材	

　　装修废弃物二级亚分类中不同种类垃圾产量小，但是堆放时需要尽量将不同类的垃圾分开堆放，尤其注意有毒有害物质的堆放，避免污染其他类别的废弃物，同时避免与其他类别垃圾之间产生交叉污染。有毒有害类物质均单独放置，避免二次污染释放毒性，运输时均选择密封的运输设备。

4.4.2　运输阶段现存问题

　　运输建筑废弃物的途中，时常发生影响城市市容市貌的事件，并且影响着群众的生活。在建筑废弃物运输的过程中，车辆多半会超重、超载，而驾驶员大多遵从"多拉快跑"的准则，使得车上的渣土及其他的建筑废弃物滴洒、飞扬、洒漏，对城市的环境造成严重污染。部分渣土车为了减少运输的次数选择多装一些建筑废弃物，导致渣土车厢体顶部裸露，并且未进行任何覆盖，在渣土车行驶中，就出现了随意抛洒的现象，从而导致了部分城市路面上存在建筑废弃物。这样的现象严重破坏城市道路的环境卫生，影响市容市貌，同时妨碍了人们的正常出行。同时，由于渣土车本身构造的特殊性，当其行驶在城市道路时，总会发出很大的噪声，严重影响了部分居民的正常生活和休息，这也就使得绝大多数居民对渣土车的印象不好。

渣土车的车型偏大，驾驶室位置偏高，会出现"视野盲区"，如果驾驶员操作不当，极易造成交通事故，威胁人们的生命财产安全。近年来，由于各种车辆的数目增多，交通事故发生的概率提高。据统计，2020年我国汽车销量蝉联全球第一，占全球汽车市场份额32%，在全球的交通事故及造成死亡的人数中均居高。

由于建筑废弃物主要成分的单位价值较低且重量很大，建筑废弃物的长距离运输通常效率较低。在某些国家和地区，建筑废弃物一般由地方当局归口管理，且禁止跨区域转运。因此，已有研究往往默认建筑废弃物是在当地进行回收和处理的，把建筑废弃物管理视为局部问题，进而以区域来限定研究的系统边界。然而，也有一些国家允许建筑废弃物跨区域转运，如图4-10和图4-11所示，在澳大利亚，大量拆建废弃物已从最初产生的地区运输到其他地区进行进一步处理。拆建废弃物的跨区域流动将影响不同区域废物管理系统中的废物量，从而带来环

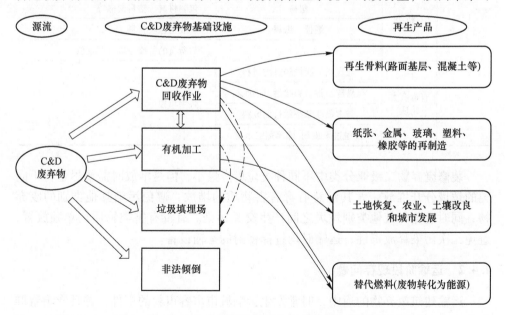

图4-10　澳大利亚建筑废弃物主要废物流

境、经济和社会影响。澳大利亚建筑废弃物综合回收率约为67%，其中南澳州已达到91%，新南威尔士州也有81%，远高于美国（45%）和挪威（41%）等其他发达国家或地区。

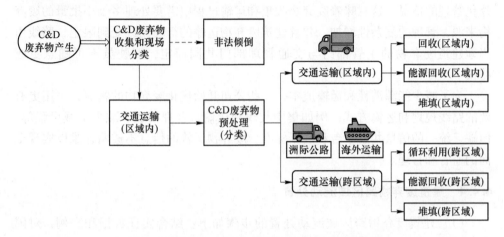

图4-11 澳大利亚C&D废弃物跨区域流动性概念模型

此外，中国借鉴澳大利亚建筑废弃物管理方面的成功经验，也在积极推进并整合粤港澳大湾区建筑废弃物的跨区域流动。由此可见，对建筑废弃物跨区域平衡处置，能解决部分城市面临的"建筑废弃物处理难"问题，避免部分城市开山取土造成的生态破坏，实现省内建筑资源的城际优化配置，从而有力推动建筑业绿色低碳高质量发展。

我国建筑废弃物分类成本高，涉及设施、人员、运输，主要原因是没有形成管理体系。加强对运输公司的管理，使其运营更加规范。人员成本主要是建筑废弃物运输至处置场所时，后期的人工分类所产生的，可通过建筑废弃物产生源头的精确分类解决。分类设施的技术要求较高，主要是进口建筑废弃物分类设备，国内许多建筑废弃物分类设施水平相较于国外设施水平偏低。解决办法包括鼓励相关专业人员积极研发高水平、高质量的建筑废弃物分选设备，减少进口设备量，进而降低建筑废弃物处置设施的成本。

政府管理部门需要完善并实施建筑废弃物分类处理制度并设立奖惩制度，明确建筑废弃物分类收集、运输、消纳、监管等活动要求，要求建设单位和施工单位对施工现场产生的建筑废弃物进行分类，另外在施工前设计阶段必须编制建筑废弃物治理报告书，明确建筑废弃物处理渠道、处理方法、运输方式、建设工地临时处理与堆置场地等，强制性要求承包商与具有建筑废弃物运输资质的运输公司以及建筑废弃物收纳、处置厂签订相应合同，由运输公司按照实际情况，制定运输路线。

4.4.3　运输阶段的特点

由于建筑废弃物的产生通常分散在不同的工地，因此在运输阶段往往存在碎片化管理的情况，这意味着废弃物收集和运输过程中需要处理多个小批量的废弃物来源，管理的复杂性增加。并且建筑废弃物运输的行驶路线受到限定，路线由当地建筑废弃物的主管部门与交通管理部门共同商定，驾驶员不可随意更改路线。

为了减少能源消耗和运输成本，一些公司开始优化废弃物的物流，采用更有效的路线规划和运输方式，例如集中收集和运输、合理搭载、减少空载里程等。但缺乏统一的信息共享平台和数据标准，废弃物运输的信息不透明，难以实现全面的监管和管理。

4.4.4　建筑废弃物跨区域流动处置

（1）建筑废弃物跨区域流动处置的步骤如下：结合实证数据和案例，对国内外不同国家、地区的建筑废弃物区域流动规律进行研究。结合不同地区的政策法规、建筑活动周期、建筑结构类型、区域间物流、交通网络和区域间经济发展水平差异等可能影响建筑废弃物产生和流动方式的因素，探究建筑废弃物区域流动的规律。

（2）建筑废弃物区域流动现状与问题分析：

1）深入挖掘建筑废弃物区域流动的现状与问题，分析各地区建筑废弃物的产生量、处理量和流动方向，了解主要的建筑废弃物流出和流入区域，掌握建筑废弃物跨区域流动的基本特征；

2）分析交通运输网络对建筑废弃物流动的影响，特别是公路、铁路和水路等交通条件对建筑废弃物的流动路径和规模的影响；

3）分析不同地区建筑废弃物管理政策的差异对废弃物流动的影响，包括政府管理政策、环保标准、处置补贴等因素；

4）分析建筑废弃物跨区域流动可能带来的环境影响，包括噪声、空气污染、水污染及对当地生态系统的影响；

5）分析建筑废弃物流动对当地居民生活、社区发展以及相关产业发展的影响，包括对就业、健康等方面的影响；

6）分析各地建筑废弃物处理设施的分布情况及处理能力是否满足需求，是否存在区域间的不平衡现象。

（3）构建建筑废弃物跨区域流动模型：

1）收集各地区建筑废弃物的产生量数据，可以根据建筑活动、GDP 等指标进行估算，建立各地区建筑废弃物的产生量模型。

2）通过调查和研究得到建筑废弃物的流动路径和主要流向，可以利用物流分析方法和 GIS 技术来描绘建筑废弃物的流动路径图。

3）收集各地区的交通网络数据，包括公路、铁路、水路等交通设施的情况及交通运输的能力和成本等信息。了解各地区的经济发展水平、建筑活动水平、人口分布等数据，将这些数据作为建筑废弃物流动模型的输入参数。收集各地区建筑废弃物管理政策的相关数据，包括政府管理政策、环保标准、处置补贴等信息，这些数据对模型的构建和分析具有重要影响。

（4）提出针对性实施对策：

1）根据建筑废弃物的产生和处理需求，设计合理的跨区域建筑废弃物处理设施布局，促进跨区域的建筑废弃物流动和资源整合。制定相应政策，鼓励建筑行业减少废弃物产生、加强废弃物分类、提高资源综合利用率，促进各地区之间的信息共享、资源整合和协同发展，推动跨区域建筑废弃物流动的合作共赢。

2）建立跨区域的合作机制，通过政府引导和企业参与，推动不同地区之间的建筑废弃物资源共享和合作处理，实现资源整合、共赢发展。鼓励社会各界积极参与建筑废弃物管理，包括政府、企业、社区、居民等，形成全社会共同关注和参与的良好局面，推动建筑废弃物资源管理工作的共享和共赢。建筑废弃物跨区域流动处置研究模型如图 4-12 所示。

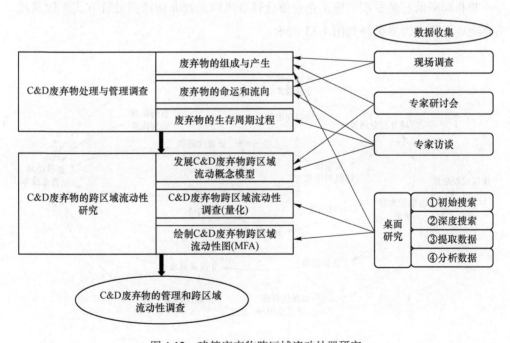

图 4-12 建筑废弃物跨区域流动处置研究

4.5　处置阶段减量化行为和认知管理

拆除建筑废弃物的处置阶段是指对拆除建筑废弃物进行最终处理的过程。由于废弃物的种类不同，其最终处置的方式也不同。在实际项目中，拆除建筑废弃物依据其种类往往有填埋、再循环、再利用等处置方式，其所涉及的部门包括拆除部门、填埋场和循环利用场。通过现场分类分拣，一部分为非惰性垃圾，一方面可以现场利用，比如施工现场产生的建筑废弃物很大一部分来自材料切割及运输、存储过程中因材料破损而产生的废弃材料，而这些废弃材料大部分能够直接再利用或进行加工后再利用。另一方面可以回收卖掉，比如金属。另一部分是惰性垃圾，可以进行资源化循环利用。

但现场分类分拣成本高，送去资源化企业也需缴纳入场费用，因此施工企业不会主动去做这些工作，需要甲方及建设单位的资金支持，但不可否认的是现场分类分拣可以减少建筑废弃物的排放量。对于简易填埋这一处置方式，需要给填埋场交消纳费用进行简易填埋或焚烧。由于目前国内消纳费用低，这种方式成为企业处理建筑废弃物的首要选择。前面所述的处置方式都需要一定的入场费用，一些利润率低甚至亏损的施工企业便会冒着风险选择非法倾倒处置方式。建筑废弃物处置阶段因果循环如图 4-13 所示。

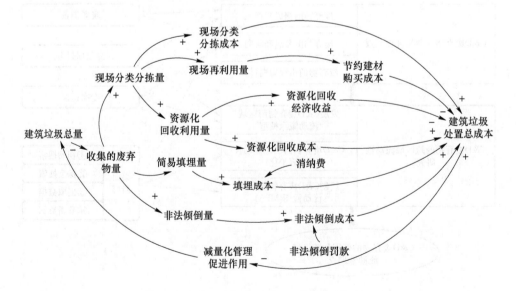

图 4-13　建筑废弃物处置阶段因果循环图

4.5.1 处置阶段的特点

分类和分拣：在废弃物的处置阶段，可以进行更加深入的分类和分拣工作，将废弃物按照可回收、可再利用和不可再利用等类型进行分离，以便更好地进行资源回收和再利用。根据建筑废弃物的物理性质或者化学性质（粒度、密度、磁性、电性以及弹性等），分别选用不同的分选处理方式，其中包括筛分、重力分选、磁选、光电分选、摩擦和弹性分选以及更为简单有效的人工分拣，如图4-14所示。

图 4-14 人工分拣

技术应用：处置阶段可以利用更多的技术手段，如机械分拣设备、焚烧设施和填埋场等，对废弃物进行更加精细化的处理，提高资源利用效率，如图4-15所示。

再生利用：一些处置单位可能会直接将废弃物转化为再生资源，例如通过废弃物的焚烧发电或垃圾填埋气发电等方式，进一步减少对自然资源的需求。或将建筑废弃物加工成可再次利用的砂石骨料，既可有效缓解建筑用料紧张问题，还能解决建筑废弃物所带来的困扰。

图 4-15　垃圾分拣车间

4.5.2　处置方式的类型

填埋：待建筑物拆除后，将拆除产生的废弃物收集、装车，运往填埋场进行填埋。填埋过程如图 4-16 所示。

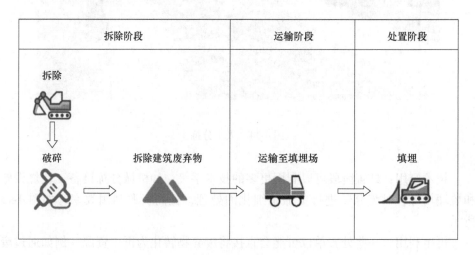

图 4-16　填埋

几乎所有建筑废弃物都可以进行填埋，但是可以再利用或者再循环的废弃物往往不会选择这种处置方式。填埋的优点在于其不需要对废弃物进行分拣或者进一步的处理，因此可以减少拆除部门的负担。当然，建筑废弃物填埋也存在明显的缺点：环境方面，填埋会对生态环境产生负面影响，特别是塑料、金属等废弃物；经济方面，填埋费用往往高于循环利用场的处理费，同时失去了废钢材、废铝材等废弃物的出售收入，会大大降低拆除部门的经济效益。

现场处理：现场处理的处置方式只能进行较为简单的破碎筛分，无法像循环利用场一样生产其他更复杂的再生材料，但是因为其更加便捷，目前正在不断推广，越来越多的拆除项目开始施行现场处理这种方式。其优点在于对水泥、混凝土、砖块等的循环处理在拆除现场就可以进行，这对于拆除部门而言，可以减少一定的运输费用和处理费，同时又增加了出售再生骨料的收入。现场处理过程如图 4-17 所示。

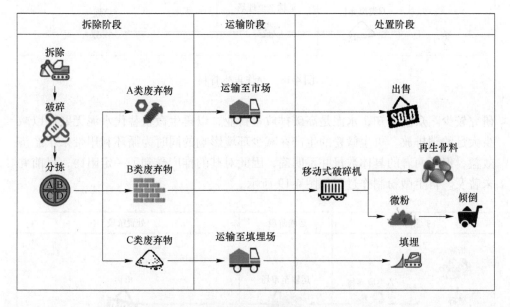

图 4-17 现场处理

制作再生骨料：这种处置方式需要将废弃物循环处理成再生骨料，可以减少天然骨料的使用，从而减少废弃物对环境的影响，并且再生骨料的出售可以为循环利用场带来收入，提高循环利用场的经济效益。由于比现场处理多出了运输距离，因此会多造成一定的环境影响，故该种处置方式更适用于拆除现场与循环利用场距离近的情形。再生骨料制作过程如图 4-18 所示。

制作再生微粉：这种处置方式相比于单纯的再生骨料制作又多出了再生微粉的制作，而再生微粉的制作需要球磨机等设备，大部分的循环利用场并不具有。目前对再生微粉的研究大多停留在其力学性能与替代量上，针对其环境与经济的

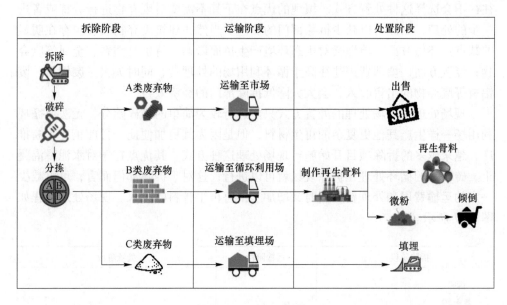

图 4-18　制作再生骨料

研究较少。众所周知，水泥是高碳排放量行业，以再生微粉替代水泥无疑可以减少大量的碳排放。再生微粉的生产在减少环境影响的同时为循环利用带来了经济效益，但是两者的具体数量并不明确，因此对其的推广受到了一定阻碍，目前并未普及。再生微粉制作过程如图 4-19 所示。

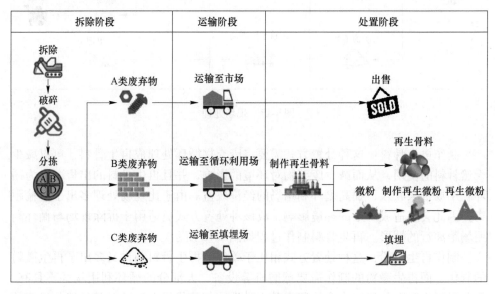

图 4-19　制作再生微粉

4.5.3 处置阶段现存问题

首先,我国关于建筑废弃物处置的相关政策与规定不够完善,存在着监管的空白。建筑废弃物乱埋、偷倒现象在一些偏远的地方屡见不鲜,这是因为这些地方的监管力度、处罚标准和相关的法律法规不够完善。如《城市建筑废弃物管理规定》中的第十四条和第二十三条,规定建筑废弃物在处置时要按照城市人民政府有关部门规定的运输路线、时间运行,不得丢弃、遗撒建筑废弃物,不得超出核准范围承运建筑废弃物,并对丢弃、遗撒建筑废弃物等行为做出处罚,但是对不按规定运输路线和时间的行为未做出处罚。

其次,相关管理模式过于陈旧,在管理上大多数是强制的而非主动,这也就导致建筑废弃物的处置出现问题。大多数管理者在问题出现后不懂得融会贯通,只是一味地换汤不换药,将老问题的解决方案强加在新问题上,相关管理混乱。

最后,目前我国在建筑废弃物处理方面的技术还不成熟,主要的处置方法只有填埋和堆放,由之产生了很多建筑废弃物处置方面的问题,比如堆放时导致的环境污染,或者造成的堆体滑坡等问题。因此,在处置阶段对于建筑废弃物减量化后的建筑废弃物首先考虑进行资源化后再进行填埋或焚烧。

5 建筑废弃物资源化

5.1 建筑废弃物资源化与环境的可持续发展

不合理地处置建筑废弃物会造成严重的环境污染。我国绝大部分建筑废弃物未经任何处理，便被施工单位运往郊外或乡村，采用露天堆放或填埋的方式进行处置。按万吨占地2.5亩计算，每年大约需要38万亩土地堆放建筑废弃物，这会造成极大的土地浪费，并耗用大量的土地征用费、建筑废弃物清运等建设经费。同时，在处理和堆放建筑废弃物的过程中会导致粉尘和灰砂四处飘散，从而影响周边环境的空气质量。此外，一些废弃混凝土中会溶出重金属离子，再加上各种外加剂的存在，会造成地下水和土壤的污染。因此，必须对建筑废弃物进行妥善处置，最好的方式就是进行资源化利用。

建筑废弃物资源化是指将建筑废弃物进行有效利用和处理，使之转化为可再利用的资源，从而实现资源的循环利用和能源的节约，对环境的可持续发展具有重要意义。一方面，建筑废弃物资源化可以减少对自然资源的开采，并减少填埋和焚烧建筑废弃物对环境造成的严重污染和破坏，尽可能减少对生态平衡和人类健康的影响；另一方面，建筑废弃物资源化可以实现资源的循环利用，促进经济的可持续发展。通过对建筑废弃物进行分类、回收和再利用，可以减少新资源的消耗，降低生产成本，提高资源利用效率，促进循环经济的发展。

建筑废弃物资源化的优势主要体现在：避免废弃物填埋或者堆存，节约土地；避免天然资源开采，节约资源；避免远距离运输，降低经济、环境成本。同时，资源化利用过程必然增加再生处置的资源、能源输入和环境排放。比如，需要将建筑废弃物从产生地运输到处置场地，增加了运输能耗和排放；再生处理时会涉及电力、柴油等资源的消耗，这一过程也可能伴随着噪声的产生以及粉尘的排放。建筑废弃物不同的资源化技术路线、不同的再生处置工艺，会产生不同的环境负荷。制备再生混凝土、再生砖、再生砌块时，其制备过程虽然与传统混凝土、混凝土砖和砌块相同，但是其原料的生产过程有了很大的改变，生命周期环境负荷就会有很大不同。

已有研究结果表明，部分发展中国家的建筑废弃物资源化进程将加快，而发达国家的建筑废弃物资源化趋势则逐渐发生变化。有学者利用可视化分析软件对建筑废弃物的动态趋势进行分析后发现，近十年来，建筑废弃物减量化、系统动力学分析、生命周期评估等方面的研究成果丰硕。值得注意的是，在2019—2021年间，循环经济、大数据、建筑信息模型（BIM）、环境影响（碳足迹）、装配式建筑、人为因素、建筑废弃物运输物流规划等方面得到大力发展。显然，建筑废弃物的处理方法正逐渐向资源可持续性方向转变，即主要通过开发建筑废弃物的减量化及资源化技术，来监测和减少对环境的有害影响。这清晰地表明，创新并实施高效的建筑废弃物管理策略，对于促进资源可持续利用、维护生态平衡及推动社会经济绿色发展具有至关重要的作用。

由此可见，建筑废弃物资源化是推动环境可持续发展的重要举措之一。政府、企业和公众应共同努力，加强建筑废弃物资源化的技术研究和应用推广，建立健全废弃物回收利用体系，促进建筑废弃物资源的可循环利用，为建设美丽中国、绿色环保的社会做出贡献。

5.2　建筑废弃物再生骨料

每年，我国都会因建筑物的建设、改造与拆除而产生大量的建筑废弃物。其中，废弃混凝土、废弃砖块等都是可以再生利用的资源，具有很高的利用价值。如果直接将这些建筑废弃物进行填埋或者直接堆放，不但会占用大量的土地，还会对当地的土壤、水源以及大气造成污染，从而对自然环境或者城市居民环境产生影响。但如果对这些建筑废弃物进行再生处理，将其转化为再生材料并应用于建筑工程等多个领域，则可实现资源的高效循环利用，并赋予这些废弃物新的价值。

建筑废弃物按照组成成分可以分为：渣土、混凝土块、无机稳定材料、砖、石、木材、金属以及旧包装等，其中的废混凝土块、废旧无机稳定材料、石、废砖、废砂浆经裂解、破碎、清洗和筛分等加工处理可以得到再生骨料，如图5-1所示。符合规定要求的再生骨料可用于公路和城镇道路路基、路面基层和垫层中，如图5-2和图5-3所示。建筑废弃物再生集料可按照砖集料含量分为混凝土再生集料、砖混再生集料和砖再生集料三大类。各类再生集料的技术指标差异性较大，分别适用于不同的工程部位。

一般的再生利用工艺流程为：收料（分类堆放）→分拣杂物→上料→破碎→筛分（磁选、风选、水选）→各档骨料（一级产品）。其中，核心设备为"破碎→筛分生产线"，主要包括：反击式破碎机、筛分设备、磁吸分拣设备、风选除杂设备及其他配套机械。

建筑废弃物原材料的来源不同，其原料的粒径也会有很大的区别。因此，在对建筑废弃物材料进行筛分的时候，必须对相关的筛分设备进行合理的设置和安排。一般而言，在对建筑废弃物材料进行筛分之前需要进行预筛分，以提高破碎设备的破碎效率。预筛分不仅可以有效地去除建筑废弃物中粒径较小的颗粒，还可以去除建筑废弃物材料中的水分，为提高建筑废弃物筛分效率打下良好的基础。建筑废弃物再生骨料的生产过程中，最为关键的就是将建筑废弃物的破碎与筛分进行有机地衔接，其目的在于提高建筑废弃物材料的破碎效率，并降低建筑废弃物材料破碎所耗费的能量。

图 5-1　再生骨料图

图 5-2　再生骨料循环图（一）

废弃混凝土在建筑废弃物中占有相当大的比例。随着城市化进程加快，建筑

图 5-3 再生骨料循环图（二）

业不断发展，废弃混凝土的生成速度也在不断提高。如此大量的废弃混凝土不仅会耗费巨大的处理费用，也增加环境净化和社会经济的负担。另外，由于长年来不断的开采，如今天然骨料资源已面临枯竭的境地。将废弃混凝土经过破碎、除杂、分级等处理后作为再生骨料的技术，不仅能解决废弃混凝土的去向问题，还能节约天然骨料资源，从而带来显著的社会效益、经济效益和环境效益。因此，这是一条节约资源、能源，减轻地球环境负荷及维护生态平衡的可持续发展道路。

5.3　建筑废弃物再生混凝土

建筑废弃物再生混凝土是一种通过利用废弃建筑材料和混凝土废弃物来生产新的混凝土材料的环保建材。它是对传统混凝土的一种创新和改进，旨在减少资源消耗和环境污染，并提高建筑材料的可持续性和循环利用率。在建筑行业，废弃建筑材料和混凝土废弃物是常见的，它们来源于拆迁、改建、翻新等工程过程中的剩余材料和废料。通过将这些废弃物再利用，可以有效减少对自然资源的需求，减少垃圾填埋的数量，降低环境污染程度，并实现循环经济和可持续发展的目标。在原材料方面，建筑废弃物再生混凝土主要利用来自拆迁建筑、改建工程与建筑施工废弃物和混凝土废料等废弃资源，其对环境的破坏较小，更符合可持续发展的要求。而传统混凝土则主要依赖于天然砂石、水泥等资源，需大量开采和加工，会给环境造成较大的负面影响。

在生产工艺上，建筑废弃物再生混凝土的生产过程相对简单，只需要对废弃材料进行合适的处理后，就可直接用于生产混凝土，省去了开采原材料、生产水泥等多个环节。而传统混凝土的生产需要大量的能源和水资源，对环境的负担较大。此外，在性能方面，建筑废弃物再生混凝土在抗压强度、耐久性等方面虽略逊于传统混凝土，但通过合理优化配比，控制生产工艺，可以改善其性能，确保其符合工程建设要求。同时，建筑废弃物再生混凝土具有循环利用性强、环保节能、可持续发展等优势，逐渐受到建筑行业的重视和推广应用，图 5-4 为再生混凝土处理前后对比图。

图 5-4　再生混凝土处理前后对比图

建筑废弃物再生混凝土主要包括三种类型，分别是：再生骨料普通混凝土、再生骨料透水水泥混凝土和再生骨料干硬性混凝土。

（1）再生骨料普通混凝土：这种混凝土由再生骨料与水泥、砂、骨料等原材料按一定比例混合制成。再生骨料是指通过再生工艺处理过的废弃混凝土或砖石等建筑废料，经过破碎、筛分等处理后得到的可再利用的材料。再生骨料普通混凝土在工程中广泛应用，可以有效减少资源浪费和环境污染，有利于可持续发展。

（2）再生骨料透水水泥混凝土：是一种具有透水性能的混凝土，可以通过其内部空隙让水渗透到下部土壤层，起到调节城市雨水排放和防止城市内涝的作用。再生骨料透水水泥混凝土是在透水水泥混凝土基础上使用再生骨料来替代部分传统骨料的一种环保建材，具有水泥混凝土的强度和耐久性，同时具有透水性能。

（3）再生骨料干硬性混凝土：干硬性混凝土是指混凝土的初凝期比较短，且未完全硬化前能够快速获得足够的强度和硬度。再生骨料干硬性混凝土是在传统干硬性混凝土中加入再生骨料，不仅能够减少原材料的使用，还能提高混凝土的力学性能。再生骨料干硬性混凝土广泛应用于快速修复施工、容易出现交通堵塞的地区或其他需要提高混凝土硬化速度的场合。

再生骨料普通混凝土用原材料应符合下列规定：（1）天然粗骨料和天然细骨料应符合现行业标准《普通混凝土用砂、石质量及检验方法标准》（JGJ 52）的规定。（2）再生粗骨料和再生细骨料应符合本地《建筑垃圾再生骨料技术规程》的规定。（3）水泥宜采用通用硅酸盐水泥，并应符合现行国家标准《通用硅酸盐水泥》（GB 175）的规定；当采用其他品种水泥时，其性能应符合国家现行有关标准的规定；不同水泥不得混合使用。（4）拌合用水和养护用水应符合现行业标准《混凝土用水标准》（JGJ 63）的规定。（5）矿物掺合料应分别符合现行标准《用于水泥和混凝土中的粉煤灰》（GB/T 1596）、《用于水泥和混凝土中的粒化高炉矿渣粉》（GB/T 18046）、《高强高性能混凝土用矿物外加剂》（GB/T 18736）和《混凝土和砂浆用天然沸石粉》（JG/T 3048）的规定。（6）外加剂应符合现行国家标准《混凝土外加剂》（GB 8076）和《混凝土外加剂应用技术规范》（GB 50119）的规定。

再生骨料透水水泥混凝土的路面结构设计需考虑混凝土的材料性能、路面荷载等级、地基的承载能力、渗透性和冻胀情况等方面。再生骨料透水水泥混凝土除应满足相应的透水功能外，还应满足设计对其力学性能和抗冻性能的要求。对有潜在陡坡坍塌、滑坡、自然环境造成危害的场所和严寒地区的路面工程不应采用透水水泥混凝土。

再生骨料干硬性混凝土制品生产企业或加工场所（见图 5-5）应符合下列要求：（1）应满足原材料储存、生产加工、成品堆放的工艺要求；面积、设施应与生产规模相适应。生产加工场所应配套水、电设施，道路通畅，并能够满足生产、运输和消防要求。（2）应配置满足生产工艺要求的生产设备和工艺装备。配置的生产设备和工艺装备应满足生产合格产品的要求。（3）应配置必要的检验设备和设施。配置的检验设备和设施应满足质量控制要求。（4）应有生产加工、质量控制需要的生产工艺技术文件和技术标准，并能够掌握和实施。（5）应配备必要的生产和辅助人员。配备人员的素质、技能和数量应满足生产合格产品的要求。（6）应建立覆盖企业生产和服务全过程的质量管理体系或管理制度。（7）生产过程应满足安全生产、文明生产和环境保护的要求。

再生混凝土具有环保、资源节约和可持续发展的特点，它在各种建筑工程中都可以得到应用，包括但不限于以下几个方面：

（1）道路建设。再生混凝土可以用于修建道路、高速公路、桥梁、隧道等交通基础设施。由于再生混凝土可以减少对自然资源的消耗，降低建筑成本，同时还能提高路面的力学性能和耐久性，因此在道路建设中得到了广泛应用。

（2）房屋建设。再生混凝土可以用于建造各类住宅、商业建筑和工业厂房。

图 5-5　再生混凝土骨料生产车间

再生混凝土具有较好的力学性能和抗压性能，同时还可以减少施工过程中的碳排放量，降低建筑的环境负荷，因此在房屋建设中也得到了越来越多的应用。

（3）桥梁工程。再生混凝土可以用于修建桥梁、高架桥等大型交通工程。再生混凝土具有较好的耐久性和抗腐蚀性，可以有效延长桥梁的使用寿命，减少桥梁维护和修复的频率，降低工程成本。

（4）环境工程。再生混凝土可以用于建造污水处理厂、垃圾处理厂等环境工程设施。再生混凝土可以减少对自然资源的消耗，降低建筑施工过程中的环境负荷，同时还可以提高工程的可持续性和环保性。

总的来说，再生混凝土在建筑行业中的应用领域非常广泛，可以在各种建筑工程中发挥重要作用，并为建筑行业的可持续发展做出积极贡献。

5.4　建筑废弃物再生砂浆

建筑废弃物再生砂浆是指利用建筑废弃物作为原材料，经过处理和加工后制成的一种砂浆，用于建筑施工中的墙体砌筑、地面修补、装修等工程。

建筑废弃物再生砂浆的生产过程一般包括废弃物的收集、清理、破碎、筛分、配料、混合搅拌、成型等工序。常见的建筑废弃物原材料包括废弃的混凝土、砖块、瓷砖、玻璃等。这些废弃物经过合理的处理和加工后，可以成为再生砂浆的主要原料。

建筑废弃物再生砂浆的优点包括节约资源、降低成本、减少废弃物污染等。然而，需要注意的是，再生砂浆的性能稳定性和工程质量需要被严格把控，同时也需要遵循相关的标准和规范要求，以确保再生砂浆在建筑工程中的安全可靠性和持久性。

建筑废弃物再生砂浆主要有以下几类：

（1）碎石再生混凝土砂浆。将建筑废弃物中的碎石进行再生利用，经过处理后用于制备混凝土砂浆。这种再生砂浆具有一定的强度和耐久性，可以用于建筑结构的修复和施工。

（2）砖瓦再生砂浆。将废弃的砖瓦碎片进行加工处理，用作砂浆原材料。这种再生砂浆具有一定的抗压能力和耐久性，适用于墙体、地面等建筑部件的修复和表面装饰。

（3）陶瓷再生砂浆。利用建筑废弃的陶瓷碎片制备砂浆，用于室内装修的黏合和填缝。这种再生砂浆具有良好的耐磨性和防水性能，适用于地砖、墙砖等建筑装饰材料的安装和维护。

建筑废弃物再生砂浆的性质主要取决于原材料的种类和质量。一般来说，这些再生砂浆具有一定的抗压强度、耐久性和环保性能。通过科学的配比和生产工艺，可以调整再生砂浆的性能参数，以满足不同建筑结构和装修需求。需要注意的是，再生砂浆在使用过程中也需要符合相关的国家标准和建筑规范，确保施工质量和安全性。

建筑废弃物再生砂浆在建筑工程中可被广泛应用，主要包括以下几个方面：

（1）墙体砌筑。建筑废弃物再生砂浆可以用于墙体的砌筑，如砌块墙、砖墙等。通过合理配比和施工技术，再生砂浆可以达到一定的强度和耐久性要求，同时降低建筑成本。

（2）地面修补。再生砂浆可以用于地面的修补，填补地面裂缝、坑洞等表面缺陷，提升地面的整体平整度和美观度。

（3）装修施工。再生砂浆可以作为装修中的黏合剂和填缝材料，用于地砖、墙砖的安装及墙面、地面的修饰和装饰工程。

（4）建筑结构修复。利用再生砂浆可以对建筑结构进行修复和加固，如混凝土结构的维护、砌体结构的修复等。

（5）绿色环保建筑。再生砂浆的应用体现了建筑废弃物资源化利用的理念，符合绿色环保建筑的发展趋势，有利于提升建筑工程的可持续性发展。

总体来说，建筑废弃物再生砂浆在建筑领域有着广泛的应用前景，可以有效降低建筑成本、减少资源浪费和环境污染，是建筑行业向可持续发展的重要方向之一。

5.5　建筑废弃物再生墙体材料

再生墙体材料是指利用废弃物等再生资源制成的用于建筑墙体的材料，具有环保、资源节约等特点。再生墙体材料可以根据其来源、制备方法、性质等不同特点进行分类，常见的再生墙体材料主要包括以下几类：

（1）再生砖。再生砖是利用再生资源如废弃混凝土、回收煤灰等原料制成的砖块。再生砖一般具有较好的强度和耐久性，适用于墙体砌筑等领域。

（2）再生瓦。再生瓦是利用再生资源如回收玻璃、塑料等原料制成的具有装饰性和保温隔热性能的瓦片材料，适用于屋面的建造和修缮。

（3）再生石膏板。再生石膏板是利用工业废渣如石膏废料等原料制成的建筑内墙板材料，具有质轻、隔热、隔音等性能。

再生墙体材料在建筑行业应用中具有环保、资源节约、节能等优势，有助于促进建筑行业的可持续发展。在选择再生墙体材料时，需注意其性能指标、施工要求等，确保施工质量和使用安全。

蒸压砖（见图 5-6）是蒸压硅酸盐材料应用于墙体材料领域的一种制品，是由钙质原料和硅质原料为主要原料，必要时加入集料和适量外加剂，经加水搅拌、坯料制备、压制成型、高压蒸气养护而成的砖，其制作流程如图 5-7 所示。

图 5-6　蒸压砖成品

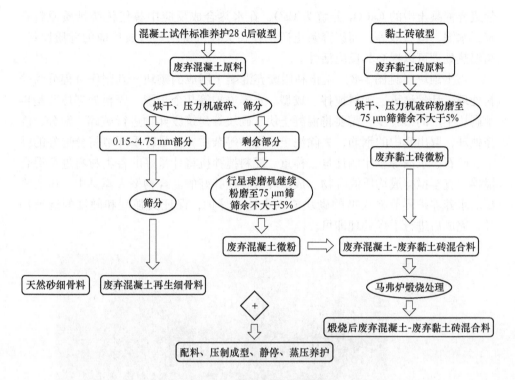

图 5-7 蒸压砖的制作流程

根据所用硅质原料的不同,蒸压砖产品种类有蒸压灰砂砖、蒸压粉煤灰、蒸压煤渣砖、蒸压矿渣砖等;根据产品孔洞率不同,又分为实心砖、多孔砖、空心砖等。蒸压砖强度主要来源于钙质原料中的 CaO 和硅质原料中的 SiO_2 水热反应生成的水化硅酸钙。蒸压硅酸盐材料是由钙质原料和硅质原料在高温水热条件下反应制成的建筑材料。其中,钙质原料是指含有 CaO 的材料,常用的有石灰、水泥、电石渣等;硅质原料是指以 SiO_2 为主要矿物组成的材料,包括砂、粉煤灰、冶金矿渣、硅藻土等,SiO_2 的存在形式有结晶型和非结晶型两种。

废弃混凝土中的石灰岩粗骨料是一种不可再生的钙质资源。近年来,为了满足环保要求,防止水土流失,减少生态破坏,我国可供开采的石灰石储量日益减少,而建材行业生产等对石灰石的消耗却始终维持在高位,长此以往,石灰石将成为稀缺资源,终会面临枯竭的局面。因此,从废弃混凝土中石灰石资源的有效利用出发,应加大研究以废弃混凝土替代天然石灰石作为建材生产原料,并通过有效矿物组分的提取、转换、再生与重构等技术,拓展废弃混凝土的替代领域。废弃混凝土和废弃黏土砖是我国现阶段建筑废弃物的主要组分,废弃混凝土中含有大量未被充分利用的钙质资源,这部分钙质资源大多以方解石、C-S-H 凝胶等形式存在,在水热反应中不能直接与硅质原料反应。研究表明,煅烧预处理可以

使废弃混凝土中的 $CaCO_3$ 分解为 CaO，在水热合成反应中替代传统钙质原料石灰、水泥、电石渣等；而废弃黏土砖中存在大量可供水热合成反应的硅质原料，高温热处理可以提高其反应活性。

　　再生砌块（见图5-8）是指利用废弃混凝土制成的砌块，其制作过程分为碎料处理、计量称重、配料搅拌、成型、水养养护等几个步骤。碎料处理环节是再生砌块生产的第一步，需要将混凝土块、砌块等建筑废弃物进行破碎、筛分、洗涤处理，取出其中的钢筋，去除泥土、泥沙等杂质。计量称重环节将分选好的砂子、碎石、水泥等按比例计量、称重。配料搅拌机将计量好的各类材料进行混合搅拌，直至搅拌成均质混合物。成型环节将搅拌好的混合物倒入模具中，压实成型。水养养护环节将成型的砌块放入水池中养护，保证其强度和硬度的逐渐提升，完成后进行干燥处理即可。

图5-8　再生砌块

　　再生砌块由废弃混凝土制成，不仅可降低建筑行业对自然资源的依赖，还可以减少建筑废弃物对环境的污染。同时，再生砌块的制备成本相对较低，不但能够达到与传统混凝土砖相当的强度和稳定性，而且还具有一定的隔音、防水等特性，广泛用于室内外装修、道路、基础设施修建等领域。

　　再生砌块在建筑、交通领域的应用是多样的。结合其可循环再利用的特点，再生砌块被广泛应用于建筑废弃物的再利用领域，例如城市道路、广场、公园等场所的修建。同时，再生砌块在建筑保温隔音领域也有广泛应用。再生砌块同样适用于基础设施的建设，如桥梁墩、护坡、路缘石等的制作，道路、隧道、码头等基础设施的修建。

　　总之，再生砌块作为环保节能新选择，不仅降低了建筑行业对自然资源的依赖，还能够减少建筑废弃物对环境的污染。再生砌块在建筑、交通、基础设施领域的应用前景广阔，未来也将逐渐成为新时代建筑业的重要选择之一。再生切块修建的房屋如图5-9所示。

图5-9　使用再生砌块修建的房屋

　　内隔墙板是一种常见的建筑产品，主要用于办公室、住宅和公共建筑的内部隔断，在建筑行业中具有广泛的应用。然而，传统的内隔墙板制作过程中消耗大量的人力、物力、财力和能源，同时还会产生大量的垃圾和废水，给环境带来一定程度的污染。因此，如何有效利用废弃资源，减少生产成本和环境污染，成为内隔墙板制造行业亟待解决的问题。而建筑废弃物再生轻质内隔墙板就是解决这个问题的一个很好的途径。建筑废弃物一直以来都是环境污染的源头，而此方法则可以通过利用建筑废弃物，生产再生轻质内隔墙板，实现对废弃资源的有效利用。

　　再生轻质内隔墙板采用泡沫和黏土为原料，并通过特殊制作方法，使内隔墙板具有轻质设计、方便快捷的优点。再生轻质内隔墙板表面采用特殊处理方式，使其具有优良的防火性能。同时，再生轻质内隔墙板表面结构设计合理，具有优良的保温性能。再生轻质内隔墙板的应用范围非常广泛，包括住宅、别墅、办公室和公共建筑等，由于其具有防火、保温、环保等优良特性，越来越受到业内人士的青睐和推崇。

5.6　建筑废弃物中有机质的资源化

建筑废弃物中的有机物质是指由天然原料（如植物、动物等生物体）产生的有机化合物或含有这些有机化合物的材料。这些有机物质通常含有碳、氢、氧等元素，并且可以被微生物降解，最终转化为碳氧化合物、水和二氧化碳等。

建筑废弃物中含有多种有机物质，主要包括：木材，包括废弃的木板、木框架、地板等木质构件；纤维类材料，如纸张、纸板、纺织品等；油漆和溶剂，建筑中使用的油漆、漆胶等含有有机溶剂，在废弃后可能释放有害气体；生活垃圾，建筑废弃物中可能包含一些生活垃圾，如食物残渣、废弃的食品包装等；复合材料，一些建筑材料可能是复合材料，如塑料复合木、玻璃纤维复合材料等，其中所含有机物质较多；沥青和混凝土，虽然主要是无机材料，但沥青和混凝土中也含有一定量的有机物质。

对建筑废弃物中的有机质进行资源化，有着以下几方面的意义：第一，可以减少资源浪费。建筑废弃物中包含大量有机物质资源，如果不能进行有效利用，将会造成资源浪费。有机物质资源化能够将废弃物再次利用，减少资源的消耗。第二，可以保护环境。建筑废弃物中的有机物质如果随意堆放或焚烧，会产生大量有害气体和污染物，对环境造成严重污染。有机物质资源化可以减少废弃物对环境的污染，保护环境。第三，可以节约能源。有机物质资源化可以替代传统能源，减少对煤炭、石油等非可再生能源的需求，从而减少能源消耗，降低碳排放，减缓全球变暖的趋势。第四，可以促进循环经济。有机物质资源化是循环经济的重要环节，通过将废弃物转化为有用的资源再利用，可以形成循环利用的生产模式，实现资源的最大化利用，促进经济可持续发展。

尽管建筑废弃物资源化可以大幅度降低对环境的影响，同时提高经济社会效益，形成可持续性发展，但根据以上分析，废弃物资源化的过程中会产生很多有毒有害物质，对人体健康产生影响，故而建筑废弃物减量化、运输、资源化和处置各个阶段对人体健康影响评价受到了越来越多的关注。

6 建筑废弃物对人体健康影响评价

6.1 概　　述

国外关于健康损害评价的研究开展得较早，并形成了系统的健康损害评价体系。袁红平于 2010 年总结了建筑工程使用阶段室内环境的健康效应评价指标，最后形成完整的评价体系。英国建筑研究所在同年推出了建筑研究所环境评估法，美国绿色建筑委员会同样在 2010 年推出了 LEED（Leadership in Energy and Environmental Design）体系。这些都是条款式评价体系，框架简单，容易操作，但评价的依据主要是专家的经验，主观因素较大，准确性难以保证，故本书使用前文介绍的生命周期评价（LCA）体系。

20 世纪 70 年代到 80 年代，LCA 理论的发展推动健康损害评价体系成为研究的热点，其在健康损害评价方面的应用，使环境影响评价开始由偏重排放物的末端评价转向以产品系统为核心的全过程量化评价。国外对于一般产品系统的定量评价体系运用不同的方法进行研究，如 1993 年 McKone T J 用 CalTOX 方法进行研究，1999 年 Bengt Steen 用环境优先战略法进行研究，2001 年 Mark Goedkoop 用生态指数法进行研究等。而对于建筑废弃物的定量研究主要集中在全过程周期中产生的废弃物，并习惯于用软件进行量化，如 1998 年 Yang Jianxin 用 EDIP 软件进行量化分析计算，2000 年 Magnus Bengton 用 EASEWASTE 软件进行分析量化等。随着量化方法的日益完善，后面的研究者采用更为先进的方法及技术对建筑废弃物进行量化研究，如 CDDPath 方法、BIM 技术等。对于职业健康损害，国际上对此类问题极为关注，相关法律、政策和规定在不断出台和完善，如 1972 年日本出台的《日本劳动安全健康法》及 1974 年英国出台的《职业安全与健康法》。然而，关于建筑废弃物对人体健康损害的相关问题，目前研究较少，大多局限于对某种单一类型的包装废弃物进行研究，例如，Anonymous 在 2010 年研究水泥包装袋的循环利用方式，Mazai X W 在 2019 年对水泥包装袋的碳排放进行全生命周期评价。故需要进一步深入研究，以构建建筑废弃物对人体健康损害的全生命周期量化评价体系。

我国的健康损害研究开始于 20 世纪 90 年代，最初的研究主要以介绍和应用国外的研究成果为主。随着我国对环境与健康探索的逐渐深入，国家出台一系列文件，引导群众对环境与健康有了定性的认识。2006 年 9 月 25—26 日，由国家环保总局、卫生部共同举办的"国家环境与健康论坛"在沈阳召开，会议通过了《国家环境与健康行动计划》这一纲领性文件，这对指导国家环境与健康工作科学开展，促进经济社会可持续健康发展具有重要意义。2013 年，环境保护部发布《中国公民环境与健康素养（试行）》文件，为公众提供了一个把握环境与健康素养基本内容的范本，也为今后开展环境与健康科普工作明确了重点内容。此后，人们关于健康损害体系的研究工作不断深化，对于健康损害评价体系也有了较为全面的认识。

我国在关于环境健康风险因素的研究中将环境风险评价分为非突发性和突发性风险评价。其中，非突发性评价包括生态和健康风险评价，健康风险评价以风险度作为指标，把环境污染与人体健康联系起来。更多人倾向于将环境损害评价体系分为定性评价体系和定量评价体系，定性评价体系在早期研究时大多采用条款式评价方式，每个条款对应一个分值，最后取总分来评价其对人体健康的影响程度，这方面的研究多集中于室内空气质量评价方向。如同济大学在 1996 年建立起了一整套室内空气质量评价方法，然而条款式评价多针对具体的单一部分进行评价，系统性不强。国内对于健康损害量化评价的研究主要是从环境卫生学的角度对污染物进行毒性作用及对健康的影响分析。从现阶段的文献收集来看，在定量评价体系上有代表性的是 2007 年吴越对大气污染的健康损害的评价，2015年李小冬等对我国施工阶段扬尘污染的健康损害评价，他们都对健康损害进行了合理量化分析。值得一提的是，虽然李小冬对建筑扬尘的健康损害进行了较为系统的研究，而且得到了社会支付意愿，但是在计算社会支付意愿的非经济部分时采取了人均 GDP 比例的方法（人均 GDP 和单位社会支付意愿的非经济部分不存在因果关系），研究的精确性有待提高。同时，李小东补充了国外关于在大气污染浓度较低情况下，大气污染物与疾病死亡率的暴露—反应呈线性关系理论，这些数据对于分析我国大气污染的健康损害有重要的借鉴意义，但是建筑废弃物对人体造成的损害不仅有空气这一传播介质，还有水源和皮肤直接接触这两种传播方式造成人体健康损害。由此可见，国内在针对建筑废弃物对人体健康影响评价的相关研究方面，仍存在着不足和局限性，需要不断加强相关研究工作，为制定合理的防控措施提供科学依据。

6.2　健康影响评价理论

在建筑施工现场，建筑废弃物产生的同时常伴随着扬尘污染物的排放，如土方工程产生余土废弃物，混凝土浇筑工程或砂浆搅拌产生粉尘废弃物，砌体拆除工程产生混凝土、砖或砂浆废弃物等施工工序都会导致大量的建筑施工扬尘排放。建筑施工现场的扬尘排放几乎贯穿着建筑新建工程和拆除工程的整个施工阶段，且这些扬尘污染物多是由矽尘、水泥粉尘、石膏粉尘、木屑粉尘等对人体呼吸系统有极大损害的物质组成，它们会随着大气运动扩散到空气中，对局域范围内人群的身体健康造成威胁。由于扬尘颗粒物中的某些颗粒粒径较小，可以被人体通过呼吸系统直接吸入，造成呼吸系统和人体循环系统的损害，引发慢性阻塞性肺疾病 COPD（Chronic Obstructive Pulmonary Disease）等呼吸系统疾病。研究表明，长期居住在较高浓度扬尘环境下，COPD 和心血管病的年发病率和死亡率都有显著升高。与此同时，根据调查发现，扬尘颗粒物中对人体危害最大的是粒径在 10 μm 的污染物，也就是 PM_{10} 污染物。因此，在建筑废弃物的产生阶段主要进行以 PM_{10} 排放为代表的大气污染物量化研究。

为量化空气中扩散的建筑扬尘，国内较早的研究方法是以工地降尘（DF）为扬尘扩散量的监测指标，在大量点位安放集尘缸，基于集尘缸的收集数据计算建筑现场建筑扬尘排放量，但由于扬尘随大气在空气中运动，集尘缸安放点位的降尘收集量与空气中扩散的扬尘量存在差异。故现阶段，关于扬尘的扩散计算模型多使用空气中总悬浮颗粒物 TSP（Total Suspended Particulate）浓度指标作为扬尘扩散的总浓度量，可较准确地量化随大气运动扩散的建筑扬尘。且 TSP 研究的对象仅包括大气中粒径小于 100 μm 的颗粒物，在粒径研究范围内与 PM_{10} 存在对应关系。

建筑废弃物在施工现场经过施工作业人员分类回收、分类堆放以后，由施工现场管理人员组织车辆统一将建筑废弃物运输至指定地点。根据现场调研信息，建筑施工现场作业生产产生的金属、木材、塑料等惰性建筑废弃物由于回收收益较高，现场作业人员将其分类分拣出来之后由附近的废品回收站进行收购，再由废品回收站集中运送至回收处理站进行统一处理，回收利用；而混凝土、砖、砌块和砂浆等非惰性建筑废弃物可以再利用，被加工生成新的建筑原材料。不管是回收处理站还是废物重加工工厂，这类加工厂都处于比较偏远的位置。想要对建筑废弃物进行处置就会用到不同类型的运输工具，在运输过程中不仅将消耗大量的自然资源，也会排放大量有毒有害的大气污染物，如 CO、SO_2、NO_2、PM_{10} 等，对人体呼吸系统造成损害。

为量化建筑废弃物运输阶段的大气污染物排放，需明确运输工具的能源消耗量与大气污染物排放量的关系，故本书采用胡启洲基于车辆排放限值指标的方法对车辆排放的大气污染物进行研究。胡启洲结合我国《大气污染物综合排放标准》，整理得到机动车污染物排放的单车排放限值，代表车辆运输阶段每辆车每千米的污染物排放量，如表 6-1 所示。需注意的是根据载重车辆的等级划分标准，建筑施工现场的废弃物运输车辆一般为载重 10 t 的中型货车，在建立模型进行建筑废弃物运输阶段的量化时应考虑到货车的载重。

表 6-1　车辆大气污染物排放量表　　　　　　　（g/km）

类别	车型	SO_2	NO_2	PM_{10}
货车	重型	6×10^{-3}	8×10^{-2}	8.99×10^3
	中型	6×10^{-3}	8×10^{-2}	8.99×10^3
	轻型	6×10^{-3}	8×10^{-2}	8.99×10^3

建筑废弃物的处置是指将建筑废弃物通过焚烧、填埋、回收加工或其他方式改变其物理、化学、生物特性，达到减少建筑废弃物的数量、缩小建筑废弃物的体积、减少或者消除其中废弃物中含有的潜在危险因素的目的，使得某些种类的废弃物最终能够成为建筑材料的原材料替代品，或者可将废弃物处理或放置于符合相关规范文件要求的范围之内。对于在建筑施工现场经过分类分拣收集到的不同类型的建筑废弃物，一般在处置阶段将采取不同的处理方式。由于处置方式的差异，排放的污染物种类也各不相同，对不同种类建筑废弃物常见的处理方式和污染物排放种类的研究进行整理和归类，如表 6-2 所示。

表 6-2　污染物排放种类及常见处理方式

名　称	污染排放种类	常见处理方式
废弃混凝土	扬尘污染，能源消耗排放污染	可再生利用
废弃砖和砌块	扬尘污染，土地污染，能源消耗排放污染	填埋，可再生利用
废弃砂浆	能源消耗排放污染	可再生利用
废弃金属	能源消耗排放污染	可再生利用
其他	化学污染，土地污染	焚烧，填埋

由于政府对环境保护和减少空气污染物的排放等政策的不断完善，建筑废弃物采用焚烧方式进行处置的行为越来越少。而回收再利用这一处置方式，无论是新建工程还是拆除工程产生的建筑废弃物，金属的回收率最高，接近 100%；而对于混凝土、砖和砌块这两种类型的建筑废弃物，虽然产生量在所有建筑废弃物中占比最大，但其回收率分别仅有 4.8% 和 1.9%，说明这两种材料在建筑废弃物的处置阶段多使用填埋的方式进行处理；对于建筑废弃砂浆，由于在建筑施工现场回收再利用转化成再生材料的成本大于收益，大多也是将其运送至垃圾填埋站进行填埋处置。然而，随着社会的发展，国家建筑规划土地使用面积的不断扩大，使得土地资源日益紧缺，对于大体量的建筑废弃物，用填埋的方式对其进行处置，已经不再满足社会的要求。国务院在《关于促进建材工业稳增长调结构增效益的指导意见》中提出，积极利用建筑废弃物等固废替代自然资源，发展机制砂石、混凝土掺合料、砌块墙材、低碳水泥等产品。市场的发展方向以政策为指导，并且随着回收处理技术的不断革新及政府对使用建筑废弃物再生材料的大力

倡导，对大宗建筑废弃物材料进行回收再生处置是建筑废弃物处置方式的新的发展趋势。

对于不同种类的建筑废弃物，其进行回收再生处置，处置完成的标志是混凝土废弃物转化成为再生骨料；砂浆废弃物制成再生原料；砖块废弃物制成砖粉或破碎成为符合规范要求的基层铺垫材料；金属废弃物由五金冶炼工厂再加工成为可利用的金属构件等。各行业不同类型能源消费量的数据来自《中国能源统计年鉴》。部分国家国内生产总值数据来源于世界银行 WDI 数据库。本书使用的材料消耗值是理论平均值，这对每一个具体的生产企业不一定是适用的，因此该数据是一个随机分布的数据，限于问题的复杂性，整理得到处置阶段单位质量内建筑废弃物污染物排放清单如表 6-3 所示。

表 6-3　1 t 建筑废弃物处置阶段的大气污染物排放清单　　　　　　　　（t）

类　别	SO_2	NO_2	PM_{10}
混凝土	2.86×10^{-5}	1.44×10^{-5}	2.55×10^{-5}
砖和砌块	2.52×10^{-4}	1.28×10^{-4}	2.41×10^{-4}
砂浆	2.86×10^{-5}	1.44×10^{-5}	2.55×10^{-5}
金属	1.15×10^{-2}	3.9×10^{-3}	8.9×10^{-3}

健康影响评价（Health Impact Assessment，HIA）在发展初期，被应用于管理者制定决策时的辅助判断及在政府制定将对公民健康产生影响的政策文件时进行系统预评估。在通用的经济、环境、社会等评比指标中加入健康影响指标进行平衡比较，可有益于制定出更具人性化，更考虑公民福利的政策文件或规章制度。随着健康影响评价研究的不断发展，健康损害评价理论体系不断完善，广泛地运用于各专业领域对人体健康影响的评价中，使得健康损害评价理论内容丰富。对健康影响评价的研究方法进行整理，可大致归纳为五个研究步骤：筛查、范围界定、评价、生成报告及监测。下面对健康影响评价研究方法的五个步骤进行简单的说明。

在进行健康影响评价之前，应从研究对象病理学的健康效应及经济学的经济效应两方面着手，结合研究对象造成的健康损害的潜在影响值及疾病或死亡的发生率，来判断是否有必要继续进行影响评价。评价进行之前，对需要进行下一步骤的研究提前筛查，在确定需要进行评价之后再寻找适合研究对象的评价方法对其进行评价。

对评价对象进行筛查之后，便进行评价对象的评价范围的界定。在范围界定这一步骤中，研究人员应确定评价对象的健康影响种类及不同影响类型包含的内容范围，评价范围的偏差将引起评价内容的缺失或增加，这将直接导致评价报告内容的错漏。范围的界定不仅影响着健康评价模型建立的包容性和准确性，还对后续研究的研究质量和研究效率起着至关重要的作用。

评价这一步骤是整个健康影响评价理论的核心，也是最为复杂的一个步骤。健康影响评价是需要收集评价范围内的所有数据，再结合专家意见，运用合适的评价理论或评价方法对评价对象进行的一个系统处理。数据的收集可利用文献查找、官方发布数据以及现场调研的方式进行，以保证数据的全面性和完整性；专家意见的获得可通过现场专家访谈或行业专家问卷收集等方式获取。在做好所有评价的基础工作之后，根据健康影响的因素与健康影响效应之间的关系，确定出可以用来衡量健康影响程度的表征指标，最后根据评价对象的特点选取适合评价的方法对指标进行综合处理，得出一致性评价结果。

生成报告这一步比较简单，在评价结束之后，评价报告自动生成。为得到评价结果，需要将评价报告进行分类整理，得到横向或纵向的对比排序。在得到评价结果后，结合评价的对比数据，对产生排序差异的原因进行分析，得出评价结论。

大多数研究均以生成报告为评价重点，在生成报告以后，研究人员会忽视对评价结果的监测这一个步骤，但对评价结果的监测在整个研究中有很重要的意义。监测评价结果不仅可以判断评价模型的建立是否符合研究内容的发展方向，还可为政策的制定方向提供大致的预测。

根据健康影响评价理论的五个步骤，建立适用于呼吸系统健康损害研究的评价模型，如图 6-1 所示。首先确定研究的对象是人体呼吸系统的健康损害，找到呼吸系统影响的病理学的健康效应指标，再结合现阶段卫生研究领域对大气污染物造成的呼吸系统健康损害的潜在威胁进行研究分析，以伤残调整生命年（Disability Adjust Life Year，DALY）这一常用的健康影响衡量指标表示大气污染排放对呼吸系统造成的损害。为使得到的健康损害指标能够进行相互比较且能直观反映影响的大小，对 DALY 进行货币化权重处理。通过进行呼吸系统健康效应

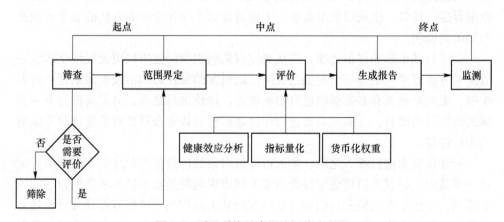

图 6-1 呼吸系统健康影响评价流程图

分析、健康效应量化指标确定及货币化权重归一讨论，使其构成一个完整的呼吸系统健康评价模型。

6.3 人体健康影响评价模型

运用 HIA 理论建立的呼吸系统健康影响评价模型，即进行 LCA 评价框架内评价环节的研究分析，是对建筑废弃物在全生命周期各阶段排放的大气污染物，进行人体健康影响的损害评价。此阶段模型的建立主要是基于呼吸系统相关病理学、毒理学、流行病学的相关医学卫生知识，运用影响路径法，确定大气污染物排放与疾病病种之间的当量系数，以此进行健康效应分析。在 HIA 理论模型中，评价模型是重点，也是难点。为成功建立呼吸系统健康影响评价模型，将重难点环节的研究内容及研究流程进行梳理，如图 6-2 所示。

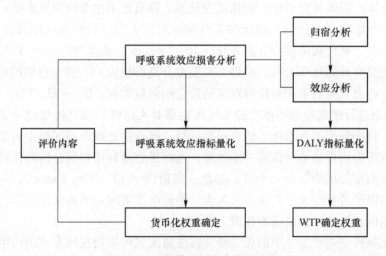

图 6-2 评价模型研究内容及流程

通过建筑废弃物大气污染物排放量化模型获取大气污染物排放量，接下来用归宿因子将大气污染物排放量转化成研究范围内大气污染物浓度增加量，再利用效应分析将不同种类大气污染物浓度分配到相关呼吸系统疾病的疾病终端的病例及发病概率上，即可得到健康损害指标。得到指标后，继续下一个步骤的研究，即对指标选取合适的方法进行量化，其量化结果用 DALY 值表示。为使表达结果具有更强的直观性和可比较性，采用适当的方法对各指标结果进行归一化处理，即采用社会意愿支付法 WTP（Willing to Pay）对单位 DALY 的货币价值进行测算，使得最后可以以货币为单位对大气污染物排放造成的健康影响评价进行统一比较。至此，呼吸系统健康影响评价模型构建基本完成。最后一步，确定模型内部函数的线性关系。现在病理学、流行病学等研究领域内，对输入和输出关系进行表征的函数有如下几种形式：线性关系、存在阈值的线性关系、非线性关系、包含促进效应的非线性关系。基于大气污染排放造成的人体健康损害是除去本底的额外增加值，且研究对象人群分布较分散，人均污染物浓度增加量足够小，引起人体健康终端值变化属于边际增加，可将这种边际增加视为线性增加，故模型内部的浓度增加引起的健康影响变化为线性变化。

健康效应损害分析所用的方法分为两个步骤进行，第一步，进行归宿分析；第二步，进行效应分析。经过归宿分析及效应分析这两个步骤的健康效应损害分析，可将各种大气污染物排放量转化为人体呼吸系统健康损害类型指标值，建立起大气污染物排放量和健康效应终端类型之间的对应关系，下面对归宿分析及效应分析的相关内容及研究方法进行详细介绍。

归宿分析可将数据清单中大气污染物的排放量转化成研究空间范围内（如在气体、液体、固体等介质中）的浓度变化量。现有的卫生学研究成果是：建立健康损害物质浓度的变化量与健康损害终端的对应关系，每向大气中排放 1 kg 二氧化碳，则二氧化碳浓度会升高 4.06×10^{-12} mg/m^3，而 1.96 mg/m^3 CO_2 浓度增加将会使温度升高 0.011 ℃，最终 1 ℃ 温度升高将使得 CO_2 损害终端的疟疾、血吸虫病、心血管疾病等相关疾病对应的死亡病例数增加：0，−92，370，−7.3 × 10^4 例。为进行建筑废弃物排放的大气污染物对人体呼吸系统造成健康影响的量化研究，只能基于卫生学相关研究成果进行，因此在健康影响评价中运用归宿分析对大气污染物排放清单作第一步处理，先将排放量利用归宿分析转化成浓度增加量。在归宿分析中，有一个核心参数—归宿因子 FF（Fate Factor），一般用比值对归宿因子进行定义，具体含义为大气中健康损害因素的浓度增加量与该研究空间范围内污染物年排放量的比值。

效应分析是基于卫生学的相关研究方法将大气污染物在研究范围内浓度的增加值，利用浓度—反应函数（Dose-Response Relationship）转化为健康损害终端的发病病例数或发病概率的增加值。效应因子 E（Effect Factor）是指在研究的空间模型内，单位时间下，建筑废弃物生命周期中，排放的大气污染物单位浓度增加使健康损害终端发病例数的增加值，而在流行病学的研究中，通常用单位风险因子 UR（Unit Risk Factor）来表示大气污染物排放量与健康损害效应之间的定量关系，利用单位风险因子 UR 可计算出效应因子 E。健康损害终端的发病例及发病率的增加量不仅和住院发病例及发病率本底值 IR（Incidence Rate）存在关联性，也与发病率及发病率的相对增加率 RR（Relative Risk）有关，在 IR 及 RR 对健康效应发病率的年增加值存在正相关性。

不同的健康损害因素通常会导致人体健康状态出现相同的损害终端，所以为了将不同健康损害因素归一计算到同一个健康损害终端里，必须找到某个特征化因子作为量化指标。我们可通过对研究对象进行损害分析来实现指标的量化。损害分析可将大气污染物的排放所造成的健康损害终端发病例数或发病概率增加值，转化为用疾病类型指标来表示的健康效应。对于人体健康影响类型进行损害分析常用的量化评估方法是，质量调整生命年（Quality Adjusted Life Year, QALY）指标量化方式以及伤残调整生命年 DALY 指标量化方式，下面对两种量化方式进行介绍说明。

（1）质量调整生命年（QALY）。QALY 作为一种以健康效应为分析对象的标准测量方法，认为人体健康可被量化，但量化的前提是假设人的健康状态和健康的持续时间会出现变化，且其量化的对象是每一个健康状态存在的对应价值。QALY 研究的内容包括：健康状态存在的持续时间（健康状态的寿命）及健康质量两个部分。用 QALY 量化方法对健康损害进行研究就是研究某种健康质量存在的寿命长短，应注意的是健康质量指的不单是健康这一种状态，其包括健康、伴随疾病、死亡等任意生命存在形式。QALY 研究方法：对人体出现的不同健康状态赋予权重，研究不同健康质量重要性程度下的健康状态持续时间，累计各种健康状态持续时间即为 QLAY 的研究值。

（2）伤残调整生命年（DALY）。为了对全球疾病负担进行研究，Murray 首次提出伤残调整生命年 DALY 这一概念，使得对于健康影响的研究，不仅可以实现人体健康受损的程度量化研究，还能实现健康损害评价的研究结果能在世界范围内进行比较。DALY 指标可将不同的健康损害终端发病例数转化为同一量纲，从而实现健康损害因素的归一计算，其主要研究内容是对疾病引起的非致死性健康效应及疾病致使过早死亡进行综合评价。这两方面的评价结果体现在两个指标的研究信息上：过早死亡所致的寿命损失年 YLL（Years of Life Lost），这一指标属于寿命的数量信息；失能所致的健康生命损失年 YLD（Years of Life with Disability），这一指标属于寿命的质量信息。DALY 对人体健康影响进行量化是通过对不同健康效应终端分类表征并对已经发生的疾病负担进行收集统计而获得的。因此，结合建筑废弃物排放的大气污染物对人体呼吸系统健康损害研究，DALY 健康影响评价应将不同种类大气污染物与对应的呼吸系统健康效应建立联系，再转化成统一指标进行比较。

虽然 QALY 和 DALY 两者存在一致的研究目的和相似的度量范围，都是对人体健康效应终端的病例数和发病概率进行量化的指标，且都希望通过提前死亡（premature death）和疾病伤残（disability）这两种健康影响类型表征样本与评价样本间的健康差异，以达到量化评价对象对人体健康产生健康影响程度的目的。但是由于 QALY 研究方法中需要根据使用者的喜好进行权重赋值，研究结果受个人主观意识的影响较大，存在较大的不确定性。而对于 DALY 是量化的实际健康状态与预期健康状态，其差异是客观存在的，并且 DALY 的计算所考虑的健康影响导致的疾病负担，可通过对比大小或应用于成本效益等方法进行辅助研究。由于 DALY 研究的普适性，DALY 研究方法在健康损害研究领域内有了更为全面的发展，比 QALY 有更强的可靠性和通用性。本节健康损害评价模型中指标量化的方法选择货币化的 DALY 权重法，不仅可以使结果具有较强的直观性，还能用经济效应量化防治的决策效果，给决策者提供为保护人体呼吸系统健康而使用的经济资源等参考数据。

对健康影响量化指标结果进行加权的目的是，通过确定不同种类损害效应终端的相对贡献值或权重，评估其在整个健康效应中的重要性程度。在整个 LCA 理论框架中加权评估属于选择性评估过程，使用者可根据研究对象及研究目的的不同采用不同的加权评价方法。对指标进行权重分析有三种常用的方法：货币化法、专家打分法和目标距离法。通过文献研究，整理归纳出其大致内容及研究优缺点，如表6-4所示。

表 6-4　权重方法对比分析表

权重确定方法	内 容 描 述	优　缺　点
货币化法	根据各种影响类别间的轻重程度，用货币化的方法对指标进行衡量	优点：可通过货币这种经济效应来体现个人乃至社会对污染治理的经济效应 缺点：可能无法完全反映环境资源的真实价值，导致市场失灵且企业可能更关注短期经济利益，而忽视长期环境保护
专家打分法	通常配合层次分析法以及德尔菲法来使用，依据多位专家的个人意见，确定各指标权重	优点：理论清晰、操作简单 缺点：对专家及个人素质的要求较高、主观性偏大
目标距离法	先制定一个目标值，再根据当前的研究结果到这个目标值的距离来确定权重	优点：操作标准化程度高 缺点：无法将研究结果与资源消耗及污染结合在一起研究

建筑废弃物全生命周期过程中排放的大气污染物，不仅对人体产生健康影响，还会造成社会负担。DALY 虽然可以使健康影响评价结果反映出大气污染排放对居民健康的影响，但是未反映出大气污染物排放导致的社会成本损失，所以在加权评估环节用货币化的方法进行加权，可以与当前的公民福利和未来的社会经济效益建立联系，使得评价结果更具有现实意义。通过文献研究发现，货币化方法对研究对象进行加权研究的中心思想大多只有一个，基本是通过建立价值交换关系确定研究对象的经济价值，但是由于方法使用者对其的理解不同以及个人偏好等原因造成研究方法千差万别，不同的货币加权方式没有优劣之分，关键在于选择货币化研究方法时应综合考虑研究对象的价值组成成分、健康效应的终端类型和数据的来源等因素。货币化法包括：支付意愿 WTP（Willingness-To-Pay）、

享乐价值法 HPM（Hedonism Pricing Methods）、意愿评估法 CVM（Contingent Valuation Method）。支付意愿指的是研究范围内人群接受一定数量的实物或服务所愿意支付的金额，反映人们对研究对象价值的认定标准，有三类指标可以对支付意愿的价值进行衡量：支付能力 ATP（Ability To Pay）、参与意愿 WTJ（Willing To Join）和支付意愿。由于支付意愿的研究方法成熟，可靠性高，故本书用支付意愿指标对研究对象的价值进行认定，支付意愿实质上就是研究被调查人群对调查对象的最大支付额度。用支付意愿法对 DALY 进行指标加权，需要先计算出单位 DALY 的支付意愿值，即单位生命年价值 VLY（Value of Life Year），VLY 可以将 DALY 表示的各种影响类型的健康损害值转化为以货币值 VLY 表示的支付意愿值，单位为元。基于人力资本法的研究成果，采用购买力平价法 PPP（Purchasing Power Parity）计算居民的 VLY 值。

7 国内外建筑废弃物管理简介及案例

国内外建筑废弃物性质差别较大，由于建筑类型差异，国外建筑废弃物成分相对单一（大部分为木质结构房屋），实行分类收集，如德国：装修废弃物单位在建筑废弃物产生阶段进行了分类（至少3类，多的6~7类），装修废弃物产生单位首先致电专业回收公司，专业回收公司根据要求提供一定数量的收集桶；产生单位在源头将废弃物分类投放，石膏、塑料、木材、布料等纺织类物质均分离出来；专业回收公司再将不同废弃物输送至相应处理厂进一步处理。由于各类废弃物的处置费不同，分类收集工作实施效果较好。国内外建筑废弃物性质不同，国内装修废弃物的成分复杂，杂质较多，处理难度较大。国外建筑废弃物产生量相对我国来说更少、产生时间更为分散，而且建筑以多层、砖木、板式结构居多，拆除时从源头就有严格的分类和流程管理，因此，资源化利用率较高。一些先进发达国家建筑废弃物资源化回收利用早已实现，资源利用率达到90%以上，如德国、日本、新加坡、美国、荷兰、韩国等。

荷兰对建筑废弃物的资源化利用较早，资源化技术与资源化率国际领先，其发展初期政府主导了资源化产业发展，发展至今，政府更加重视市场对资源化产业的驱动，资源化产业的市场机制完善，产业私有化程度高。荷兰的资源化产业发展可分为形成期、发展期、成熟期三个时期。1989年之前为荷兰资源化产业的形成期，早期的建筑废弃物处置设施由各地区的市级政府投资建设。1977年荷兰制定《废弃物法》，将建筑废弃物的管理从市级上升为省级，规定政府许可制度，开展特许经营，一定区域只能有一个处理厂，有效控制了处理厂服务范围冲突的问题。1987年荷兰发布《国家环境政策四年计划》和《废弃物预防与回收法令》，对建筑废弃物的发展做出规划，建筑废弃物的产业化开始萌芽。20世纪90年代至21世纪初为荷兰建筑废弃物产业发展期，1997年荷兰制定《填埋令》，实行《填埋法》，通过收取填埋税、推行禁埋令等手段禁止建筑废弃物的填埋，填埋场数量锐减，相应的资源化处理厂广泛布局。进入21世纪后至今为建筑废弃物产业成熟期，2010年荷兰建筑废弃物资源化率达到94%，建筑废弃物资源化产业的私营化占主导地位。荷兰的资源化处置设施除了单一的固定式处置设施外，移动式处置设施也逐渐推广。从荷兰的发展历程来看，建筑废弃物资源化产业发展前期政府在资源化处置设施的规划布局的引导上起到关键作用，但是发展至今市场机制是资源化产业发展的主要驱动因素。

德国在 1945 年开始推广建筑废弃物资源化利用，最早构建起循环经济法律体系，法律体系完备，针对建筑废弃物专门立法，对规划布局做出了原则性要求，并利用经济手段推动资源化进程，例如，对填埋与资源化两种处置方式采用差异化税收政策，给予资源化处置补贴，处罚违规处置行为等。德国于 1978 年开始实施环境标志，使用环境标志区分产品的环境污染程度，印有环境标志的产品无论是生产阶段还是使用阶段的环境影响均在标准范围之内。这项政策促进了建筑废弃物的资源化利用，推动了德国建筑废弃物资源化产品的标准化，加大了民众和建设施工单位对资源化产品的认同。通过政府的政策引导规范、经济激励与主动投资设厂，保证了建筑废弃物资源化产业的规范化运营，建立起收集、运输到资源化利用的一条龙服务，配套措施完善。建筑废弃物的资源化产业成为德国的高利润高增长产业，建筑废弃物资源化率达到 95%。20 世纪 90 年代，德国就有了超过 400 座建筑废弃物回收设施。据统计，2018 年德国再生骨料占该国建筑业所需全部骨料的 12.5%，矿物建筑废料回收率为 90%，远高于欧盟《废弃物框架指令》所要求的 70%。建筑废弃物的循环利用对砾石、沙土和天然石材的保护起到很大作用。为提高建筑废弃物的回收率，德国很多科研院所也积极参与到这一领域当中。2016 年，弗劳恩霍夫应用研究促进协会启动了一项名为"MAVO BAUcycle"的项目，对拆除后的废旧建筑材料进行分类加工，生产出再生建筑材料供新的建设项目使用。2019 年，慕尼黑应用技术大学设立了材料与建筑研究所，研究开发再生混凝土配方，目标是让废旧混凝土瓦砾回收率能达到 100%。

为推动建筑废弃物资源化，从 1960 年起，日本陆续出台了多部建筑废弃物政策法规，如《废弃物处理法》《资源利用促进法》等，通过立法界定了建筑废弃物资源化各参与方的责任与义务，制度上保障了规划布局的执行，日本对家庭农户废弃物的处理遵循循环经济理论的 3R 原则，加强建筑废弃物的源头减量和末端资源化。日本积极利用政府公共项目引导与示范，科学合理地选址布局，在规划选址前反复论证并主动公示，积极拓宽公众参与渠道，避免冲突。完善物流网络，并制定传票制度监控运输过程，有效打击了建筑废弃物的非法填埋和违规填埋。在资源化产品的使用上，市场条件与政府调控并举，加强产品的规范化和市场化，使用经济手段引导建设与施工单位采购与使用再生产品。在政策引导、制度保障和技术支撑的基础上，日本的资源化率从 1995 年的 42% 增长到 2011 年的 97%。日本对"建设副产物"的细分多达 20 多种，处理不同种类副产物适用的法律也不同。比如杂草等按一般废弃物处理，木材、建筑污泥等按建筑废弃物处理，金属等按产业废弃物处理，石棉、荧光灯变压器等有毒有害物质按特别管理产业废弃物处理，建筑渣土则不归入废弃物。减少施工现场废弃物产生和尽可能再利用是日本处理建筑废弃物的主要原则。根据《建设副产物适正处理推进纲要》，建设项目的发包人和施工方有义务在建设过程中减少建设副产物的产生，建材供应商和建筑设计者有义务生产和采用能再生利用的建材。对能再使用的建设副产物应尽量再使用；对不能再使用的建设副产物应尽量再生利用；对不能再生利用的副产物则尽量通过燃烧实现热回收。日本建筑废弃物分类产生量如图 7-1 所示。

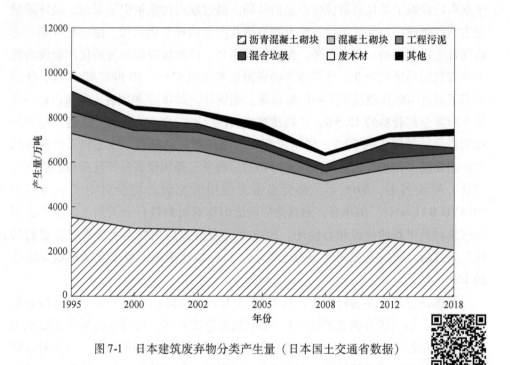

图 7-1　日本建筑废弃物分类产生量（日本国土交通省数据）

彩图

在建筑废弃物管理过程中，除了借鉴国外先进的管理方法，更需要结合国内不同地区的不同现状对建筑废弃物进行因地制宜的管理。既需要考虑建筑废弃物产生的问题，同时还要考虑其相关的处理措施以及后续的操作，进而在此过程中能够将其很好地处理，进而也可以加快工程的建设。在建筑废弃物产生的过程中，也需要考虑相应的安全隐患以及对环境的污染，进而达到理想的效果。

为推动建筑废弃物产业规模化产业化发展，深圳市将建筑废弃物资源化处理厂选址布局规划纳入城市的五年发展计划中，每五年依据处置需求更新一次规划布局方案。深圳市也出台了相应的激励补贴政策，减免建筑废弃物资源化处理厂的土地租金，对资源化处理厂排放物的减量和处置予以经济补贴。为保障资源化企业的正常营收，引导资源化产品的采用，《深圳市绿色建筑促进办法》规定，从 2013 年起，政府投资项目、保障房的建设应该全面采购资源化建材产品，并对滨海医院、南方科技大学等 14 个政府投资项目开始试点工作。为促进城市信息数字化，了解城市存量建筑数据，深圳市开展了城市建筑普查，并运用地理信息系统，建立起城市存量建筑地理信息数据库，为政府进行选址规划提供依据，保障了规划布局的科学性、合理性与可操作性。此外，深圳市积极推广移动式处置设施，如南科大校园建设工程中，运用移动式处置设施实现了建筑废弃物的现场资源化。目前深圳市资源化程度超 40%。

深圳市出台建筑废弃物再生产品认定办法，制定建筑废弃物管理全链条规范标准，打通再生产品应用渠道，在市政工程试点使用建筑废弃物综合利用产品，重点推进城市建筑废弃物综合利用。在再生产品应用政策的保障下，建筑废弃物领域涌现出集成规范回收、高质资源化与绿色建材再利用的综合利用产业链，具有工程弃土快速多级原位分离＋高效资源化利用、绿色建材＋新材料制备＋工程渣土深度资源化利用等核心技术，形成了符合城市工程建设实际的弃土处理技术工艺体系，建成国家环境保护建筑废弃物资源化利用工程技术中心、全国首个智慧建废综合利用"无废城市"示范产业园。深圳市以制度保障激发建废产业迸发出更强的综合利用活力，全面提升建筑废弃物本地消纳利用水平，成功摆脱深圳市建筑废弃物过度依赖委外处置的困境。深圳市建筑拆除及建筑废弃物处理园区如图 7-2 和图 7-3 所示。

图 7-2　建筑物的拆除

图 7-3　建筑废弃物处理园区

南京市全力贯彻建筑废弃物管理依法行政理念，从制度入手，在建立建筑废弃物运输市场机制、构建联合管理平台、推进法规制度建设、规范许可审批流程、强化行业监督考核、保障建筑废弃物科学处置、加强资源再生利用及牵头建筑废弃物联合执法上做了多项工作，建筑废弃物管理水平有效提升。主要做法如下：一是制定渣土运输行业"三项基本制度"，《南京市渣土运输管理办法》中规定了运输单独招投标、运输企业市场准入和信用评价制度，三项制度相互作用、互为补充，形成了较为规范的运输市场秩序。二是构建渣土市区街"三级联管机制"，成立了渣土联合整治管理领导小组，分管副市长任组长，建设、生态环境、城管、交管等部门常驻办公，联合审查建设单位渣土处置方案合理性、牵头全市渣土联合管理执法活动；各区也成立了联管机构，负责辖区具体工作，形成联合管理机制，主城区落实属地常态管理，市级负责监督考核；郊区落实自主管理，市级负责业务指导，全市形成了纵横交错、条块结合的网状管理格局。三是实施远程视频源头监管。安装远程监控系统，对所有出土工地及渣土处置场地内规范运输、车辆密闭装载等情况进行 24 h 在线视频监管，对发现违规行为立即通知执法人员现场查处，提升"点对点"查处效率。四是实施"两票制"渣土运输全过程源头监管，在已研发南京市城市管理局渣土信息管理系统，开发手持移动管理客户端，有效提升渣土管理执法科技水平的基础上，同时对接全市"智慧工地"项目，积极建设试点"渣土工地和处置场地""电子双向签收两票制"及渣土车 GPS 系统的"两点一线"的全过程监管体系，提升渣土运输非现场精细管理执法能力。自 2018 年 12 月开始，南京市按照源头减量、过程控制、末端利用方式，破解建筑废弃物"围城"困境，促进循环经济发展。2019 年合理布局运行 16 处临时固定设施厂，全年实现近 300 万吨建筑废弃物再利用，节约了约 180 万立方米填埋场空间资源，节省近亿元运输和填埋费用。与此同时，南京不断推进规模化固定设施建设。目前，南京已将建筑废弃物资源化利用设施纳入全市环卫设施专项规划，共规划布局 7 处规模化固定设施，其中 3 处固定式规模化设施已推进建设，高淳区的南京路港环境科技有限公司项目已开工建设，江北新区的南京首绿环境科技有限公司、市城建集团城东等大型资源化利用设施厂已立项，正在开展土地等前期手续办理。

在装修废弃物处置方面，南京创新采用了"互联网＋"分类收运储方式。从前端分类收集和末端处置两个环节选定了两家企业开展装修废弃物试点工作，采取分类收储、专用车辆分类运输、专业处置、"互联网＋"收运储集中管控的方式处理装潢废弃物。具体将装修废弃物分为绿、白、蓝三类，装修固体废弃物（可再生类）放入绿色箱体，玻璃、木材、金属放入蓝色箱体，塑料、泡沫、石膏放入白色箱体，通过废弃物分类员现场指导，实现源头分类，车联网调度，回收再利用。南京将通过装修废弃物试点项目的建设和运行，探索从源头分拣、分类堆放、分类运输和分类处置的管理模式，运用"互联网＋"，努力解决各项问题和难点。南京市南部新城固废利用加工厂及工厂内部如图 7-4 和图 7-5 所示。

图 7-4　南京市南部新城固废利用加工厂

图 7-5　加工厂内部

参 考 文 献

[1] Aslani F, Ma G, Wan D L Y, et al. Development of high-performance self-compacting concrete using waste recycled concrete aggregates and rubber granules [J]. Journal of Cleaner Production, 2018, 182: 553-566.

[2] Chen C. CiteSpace Ⅱ: Detecting and visualizing emerging trends and transient patterns in scientific literature [J]. Journal of the American Society for Information Science and Technology, 2006, 57 (3): 359-377.

[3] Chen K, Wang J, Yu B, et al. Critical evaluation of construction and demolition waste and associated environmental impacts: A scientometric analysis [J]. Journal of Cleaner Production, 2021, 287: 125071.

[4] Diaz-Lopez C, Bonoli A, Martin-Morales M, et al. Analysis of the scientific evolution of the circular economy applied to construction and demolition waste [J]. Sustainability, 2021, 13 (16): 9416.

[5] Duan H, Miller T R, Liu G, et al. Construction debris becomes growing concern of growing cities [J]. Waste Management, 2019, 83: 1-5.

[6] Hossain M U, Ng S T. Influence of waste materials on buildings' life cycle environmental impacts: Adopting resource recovery principle [J]. Resources, Conservation and Recycling, 2019, 142: 10-23.

[7] Islam R, Nazifa T H, Yuniarto A, et al. An empirical study of construction and demolition waste generation and implication of recycling [J]. Waste Management, 2019, 95: 10-21.

[8] Li J, Tam V W Y, Zuo J, et al. Designers' attitude and behaviour towards construction waste minimization by design: A study in Shenzhen, China [J]. Resources, Conservation and Recycling, 2015, 105: 29-35.

[9] Li J, Yao Y, Zuo J, et al. Key policies to the development of construction and demolition waste recycling industry in China [J]. Waste Management, 2020, 108: 137-143.

[10] Li J, Zuo J, Cai H, et al. Construction waste reduction behavior of contractor employees: An extended theory of planned behavior model approach [J]. Journal of Cleaner Production, 2018, 172: 1399-1408.

[11] Marrero M, Puerto M, Rivero-Camacho C, et al. Assessing the economic impact and ecological footprint of construction and demolition waste during the urbanization of rural land [J]. Resources, Conservation and Recycling, 2017, 117: 160-174.

[12] Meng Y, Ling T C, Mo K H. Recycling of wastes for value-added applications in concrete blocks: An overview [J]. Resources, Conservation and Recycling, 2018, 138: 298-312.

[13] Mostert C, Sameer H, Glanz D, et al. Climate and resource footprint assessment and visualization of recycled concrete for circular economy [J]. Resources, Conservation and Recycling, 2021, 174: 105767.

[14] Ortiz O, Castells F, Sonnemann G. Sustainability in the construction industry: A review of recent developments based on LCA [J]. Construction and Building Materials, 2009, 23 (1):

28-39.

[15] Rao A, Jha K N, Misra S. Use of aggregates from recycled construction and demolition waste in concrete [J]. Resources, Conservation and Recycling, 2007, 50 (1): 71-81.

[16] Siddique R, Khatib J, Kaur I. Use of recycled plastic in concrete: A review [J]. Waste Management, 2008, 28 (10): 1835-1852.

[17] Van Eck N, Waltman L. Software survey: VOSviewer, a computer program for bibliometric mapping [J]. Scientometrics, 2010, 84 (2): 523-538.

[18] Vieira C S, Pereira P M. Use of recycled construction and demolition materials in geotechnical applications: A review [J]. Resources, Conservation and Recycling, 2015, 103: 192-204.

[19] Wang J, Wu H, Duan H, et al. Combining life cycle assessment and building information modelling to account for carbon emission of building demolition waste: A case study [J]. Journal of Cleaner Production, 2018, 172: 3154-3166.

[20] Won J, Cheng J C P. Identifying potential opportunities of building information modeling for construction and demolition waste management and minimization [J]. Automation in Construction, 2017, 79: 3-18.

[21] Wu H, Duan H, Zheng L, et al. Demolition waste generation and recycling potentials in a rapidly developing flagship megacity of South China: Prospective scenarios and implications [J]. Construction and Building Materials, 2016, 113: 1007-1016.

[22] Wu Z, Ann T W, Shen L, et al. Quantifying construction and demolition waste: An analytical review [J]. Waste Management, 2014, 34 (9): 1683-1692.

[23] Xu J, Shi Y, Xie Y, et al. A BIM-Based construction and demolition waste information management system for greenhouse gas quantification and reduction [J]. Journal of Cleaner Production, 2019, 229: 308-324.

[24] Yu D, Duan H, Song Q, et al. Characterizing the environmental impact of metals in construction and demolition waste [J]. Environmental Science and Pollution Research, 2018, 25: 13823-13832.

[25] Yu Y, Junjan V, Yazan D M, et al. A systematic literature review on Circular Economy implementation in the construction industry: a policy-making perspective [J]. Resources, Conservation and Recycling, 2022, 183: 106359.

[26] Yuan H, Chini A R, Lu Y, et al. A dynamic model for assessing the effects of management strategies on the reduction of construction and demolition waste [J]. Waste Management, 2012, 32 (3): 521-531.

[27] 蔡寒. 建筑废弃物资源化风险关联性分析与应对机制研究 [D]. 济南: 山东建筑大学, 2022.

[28] 丁珂. 居住建筑全寿命周期废弃物量化研究 [D]. 大连: 大连理工大学, 2022.

[29] 窦延文. 深圳固体废物治理实现"一降两升" [N]. 深圳特区报, 2024-06-16.

[30] 范慧如. 罗湖区"建筑废弃物资源化利用"首个试点项目取得积极成效 [N]. 深圳特区报, 2023-11-16.

[31] 傅研榕. 上海地区建筑垃圾在海绵城市中的综合应用研究 [D]. 上海: 上海应用技术

大学，2021.

[32] 高晓芸．扬州市区建筑垃圾全过程管理问题研究［D］．扬州：扬州大学，2020.

[33] 何钢．南京建筑垃圾去哪了？1 年近 300 万吨变废为宝［N］．南京日报，2020-01-19.

[34] 胡睿博．居住建筑施工现场废弃物量化及预测方法研究［D］．北京：北京建筑大学，2020.

[35] 姜静波．C 市建筑垃圾资源化再利用存在的问题及应对策略［D］．长春：吉林大学，2023.

[36] 兰宁，王巧稚．基于政策分类及优序图法对新能源建筑废弃物运输车推广政策的研究［J］．物流科技，2023，46（18）：13-16，23.

[37] 李小平，蔡东，郭春香，等．多维视角下建筑废弃物减量化系统物流网络设计［J］．系统工程理论与实践，2019，39（11）：2842-2854.

[38] 聂卫晶．建筑工人施工现场废弃物分拣行为研究［D］．广州：广州大学，2023.

[39] 彭峰．重庆市建筑废弃物资源化处理厂规划布局优化研究［D］．重庆：重庆大学，2020.

[40] 齐仕杰．利用废弃混凝土和废弃粘土砖制备蒸压砖［D］．大连：大连理工大学，2021.

[41] 乔冠华．基于规范激活理论的建设单位从业人员建筑废弃物减量化意愿影响因素研究［D］．济南：山东建筑大学，2023.

[42] 任昕彤．建筑垃圾源头减量城市规漏略研究［D］．北京：北京建筑大学，2019.

[43] 王典．废弃物减量设计推广过程中设计人员行为研究［J］．建筑设计管理，2020，37（2）：83-89.

[44] 王焱．德国：目标让废旧混凝土瓦砾回收率能达到100%［N］．人民日报，2022-06-06.

[45] 吴飘．循环经济下建筑废弃物资源化障碍因素及实施策略研究［D］．广州：广州大学，2022.

[46] 谢亚宏．国外如何持续探索资源循环利用［N］．人民日报，2022-07-30.

[47] 易艳青．建筑废弃物减量化影响机理及动态仿真研究［D］．广州：广州大学，2021.

[48] 赵春艳．建筑垃圾在国外发达国家的命运如何？［N］．民主与法制时报，20216-01-22.

[49] GB 51322—2018，建筑废弃物再生工厂设计标准［S］.

[50] GB/T 1596—2005，用于水泥和混凝土中的粉煤灰［S］.

[51] GB/T 18046，用于水泥和混凝土中的粒化高炉矿渣粉［S］.

[52] GB/T 18736，高强高性能混凝土用矿物外加剂［S］.

[53] ISO 14020，环境标志和声明 通用原则［S］.

[54] ISO 14021，环境标志和声明 自我环境声明（Ⅱ型环境标志）［S］.

[55] JG/T 505—2016，建筑垃圾再生骨料实心砖［S］.

[56] JG/T 3048，混凝土和砂浆用天然沸石粉［S］.

[57] JGJ 63—2006，混凝土用水标准［S］.